QIHOU BIANHUA BEIJING XIA GAOWEN RELANG DUI RENQUN
JIANKANG DE YINGXIANG

气候变化背景下高温热浪对人群健康的影响

李京　著

中国海洋大学出版社
·青岛·

图书在版编目(CIP)数据

气候变化背景下高温热浪对人群健康的影响 / 李京著. — 青岛 ：中国海洋大学出版社，2019.6

ISBN 978-7-5670-2377-2

Ⅰ. ①气… Ⅱ. ①李… Ⅲ. ①高温—气象灾害—影响—健康 Ⅳ. ①P423②R161

中国版本图书馆 CIP 数据核字(2019)第 195837 号

气候变化背景下高温热浪对人群健康的影响

出版发行 中国海洋大学出版社
社　　址 青岛市香港东路 23 号
邮政编码 266071
网　　址 http://pub.ouc.edu.cn
出 版 人 杨立敏
责任编辑 孟显丽
电　　话 0532—85901092
电子信箱 1079285664@qq.com
印　　制 山东彩峰印刷股份有限公司
版　　次 2019 年 6 月第 1 版
印　　次 2019 年 6 月第 1 次印刷
成品尺寸 185 mm×260 mm
印　　张 10.5
字　　数 200 千
印　　数 1～800
定　　价 36.00 元
订购电话 0532－82032573(传真)

序　一

该书以高温热浪为切入点，以长远的眼光、独特的视角揭示了气候变化对人类健康的影响。气候变化是21世纪人类社会所面临的最严峻的挑战之一。研究表明，地球的气候正经历一次以全球变暖为主要特征的急剧变化，其中高温热浪对人群健康的影响最为显著。高温气候不仅仅令人体感觉不适，而且与许多疾病明显关联，比如气温升高可使啮齿动物、病媒蚊虫的活动范围扩大、繁殖力增强，导致疟疾、乙型脑炎、流行性出血热等相关疾病发病率增高。随着全球气候急剧变暖，热浪在全世界范围内变得更频繁、更强烈、更持久，高温热浪造成的危害也越来越广泛。目前，高温热浪对人群健康的危害日益严重，已成为全世界关注的重大公共卫生安全问题。《气候变化背景下高温热浪对人群健康的影响》一书介绍了济南气温现况及趋势、高温对人群健康影响的研究、极端温度对人群健康影响的归因风险研究、高温热浪期间居民患病情况及KAP基线调查、高温热浪知信行改变的社区干预试验等内容，提出了一套因地制宜的高温热浪干预机制。

该书以山东省典型的高温城市——济南作为研究现场，具有鲜明的地域代表性；以目前严重影响人类健康的高温热浪作为研究主题，涉及环境流行病学、经济学、统计学等学科，研究内容丰富，研究结果全面。该书既可以作为环境卫生学尤其是环境流行病学领域的参考用书，也可以作为与公共卫生、预防医学等相关专业的教师的教学和科研参考书，亦可供有关部门的决策者与管理人员参考。

此外，该书作者自攻读博士学位以来一直从事环境卫生、流行病及统计建模等方面的研究，其主要研究方向为气候变化与空气污染对人类健康影响的定量评估、气象因素对传染病影响的时空分析、公共卫生社区干预等，并擅长将传统流行病学的研究与环境对健康影响的研究结合起来。该书作者具有较丰富的环境流行病学研究经验，学术底蕴深厚，科研能力和创新思维较强，加之其在写作过程中注意汲取前人的智慧与成果，因而该书具有较大的参考价值。

希望在同行专家的帮助和指导下，该书作者能写出更多的好书。

刘起勇

2019年5月

【序作者简介】

刘起勇，博士，研究员，博士生导师，中国疾病预防控制中心传染病预防控制所媒介生物控制室主任，973首席科学家，我国媒介生物监测与控制、气候变化与人群健康领域的学术带头人。

序　二

科研的目的在于解决目前人类所面临的各种棘手的问题，为人类拥有更加美好的生活指明方向、提供途径。气候变化是人类迄今为止面临的规模最大、范围最广、影响最为深远的挑战之一。在全球气候变暖的背景下，自20世纪90年代以来，高温现象在世界各地频繁发生且强度大、持续时间长，已给不同国家和地区人们的生产、生活甚至身体健康造成了严重影响。目前，高温热浪对人群健康的危害成为世界各国关注的重大问题之一。

如何合理、科学地评价高温热浪对人群健康的影响，明确高温热浪引起的疾病和高温热浪脆弱人群，提出因地制宜的卫生干预策略，是一项重要的科研任务。当前，在我国已开展许多针对高温热浪对人群健康影响的研究，一些地区也采取了一系列措施，但是，评价高温热浪干预措施有效性的研究却很少。并且，此前的研究多用流行病学评价指标来研究高温热浪所带来的疾病负担，几乎没有涉及卫生经济学指标。该书作者自攻读博士学位以来一直从事环境卫生、流行病现场及统计建模等领域的研究，在气候变化与空气污染对人类健康影响的定量评估、气象因素对传染病的时空分析、流行病现场社区干预研究等方面颇为擅长。基于此，该书以其新颖的研究思路、独特的思考角度写成。该书作者以攻读博士学位期间的研究成果为基础内容进行写作，经历了一个鲜活的“发现问题—分析问题—解决问题”的过程，充分遵循了科学研究的路径。该书图文并茂，可读性强。该书以“符合人才培养需求，体现教育改革成果，确保教材质量，形式新颖创新”为编写指导思想，吸纳了多位专家和学者的建议，以及最新的研究成果，具有较高的学术价值。

在此，我把这本书推荐给广大读者。我相信，无论是环境卫生学领域的初学者、专业人员，还是公共卫生工作者，都能从中获益。

姜宝法

2019年5月

【序作者简介】

姜宝法，博士，教授，博士生导师，山东大学公共卫生学院教授，山东大学性病/艾滋病预防控制研究中心主任，主要研究领域为传染病流行病学、气候变化与健康等。

序 三

气候变化与人群健康之间的关系在过去几十年里得到了深入研究和探索。研究人员得出了气候变化对公共健康构成威胁的结论。这个结论已出现在世界卫生组织千年生态系统评估报告、《柳叶刀》报告和IPCC系列报告中，并表明以地方为重点的全球应对气候变化将是人类“最大的全球健康机遇”。事实上，全球变暖已经对人类健康造成了负面影响，特别是对高温热浪脆弱人群和弱势地区的影响更明显。未来20年内，气温可能上升1.5℃，这将会对人类的健康和福祉产生重大影响。现在应该采取系统的方法来了解气候变化带来的健康风险，从全球的角度出发在不同层面规划和实施相关的健康适应战略。

山东省人口超过1亿，地理区域辽阔，气候多样，社会经济发展不平衡，卫生服务不发达，如何应对气候变化，特别是对高温热浪进行健康风险评估、识别高温热浪脆弱人群、探索当地居民的知信行，是一项十分重要而艰巨的任务。

潍坊医学院环境流行病学专业的李京博士结合自己研究领域和专业特长写了这本书。该书以济南市为例，综合分析了高温热浪等极端天气事件对人群健康的影响，其中包括健康风险评估、脆弱群体识别、疾病负担计算等，更重要的是探索了高温热浪相关适应策略。

这些研究成果将为山东省的读者提供卫生和医疗服务、气候变化适应、社区恢复力、应急服务和环境保护等方面的指导与帮助。该书不仅有助于读者全面了解济南市的气候变化及其对人群人口健康影响的情况，而且有助于提高该领域的研究生、早期职业研究人员和实践者的研究能力。

毕鹏

2019年5月

【序作者简介】

毕鹏，博士，教授，博士生导师，澳大利亚阿德莱德大学公共卫生学院终身教授，国家气候变化弱势群体研究中心主任。目前主要从事气候变化对人体健康的影响及其适应性研究，以及应急公共卫生事件措施的探讨。

目　录

第一章　绪论

第一节　研究背景

气候变化是21世纪人类社会面临的最大威胁之一，可以说世界上没有任何一个地区、任何一个领域可以免受气候变化的影响。当前，气候变化已经引起各国政府和科学家的广泛关注和重视。在2014年APEC会议、2015年G20峰会和2016年召开的气候变化峰会中，各国领导人已经达成共识，认为应推动建立公平、有效的气候变化应对机制，从而实现更高水平的全球可持续发展。

气候变化对全球造成的威胁是全方位、多尺度、多层次的，它会影响生态系统、人类的经济活动、人类的健康等方方面面，如粮食产量减少、淡水资源短缺、海平面上升、高温热浪及传染病传播等。随着气候的日益变暖，虫媒传播疾病将向寒冷地区扩散，并增加疟疾、登革热的发病率。预估到2080年，新增疫区大部分人将受到登革热感染的威胁，大约3 000 000人将感染疟疾。因此，应对气候变化已成为国际社会高度关注的全球性重大问题。

联合国政府间气候变化专门委员会（Intergovernmental Panel on Climate Change，IPCC）在第五次评估报告中指出：全球变暖是毋庸置疑的，人类活动对气候变暖起了重要作用。在1880—2012年间，全球表面平均温度增加了0.85 ℃；而高排放情景模型预测显示，若无有效的措施加以应对，在21世纪末全球气温将升高2.6～4.8 ℃。气温的升高会导致冰川融化、冻土层减少、海平面上升。如果气候持续变暖，未来全球极端天气事件发生的频率会更高、范围会更广、强度会更大，并能够导致前所未有的极端天气和气候事件。在这一背景下，热浪的强度、持续时间和频率都在逐渐增加，而受热浪影响的地区不断扩大，受热浪影响的人口数量也在不断增加。

目前，对于高温热浪国际上还没有统一的定义、明确的标准。世界气象组织（World Meteorological Organization，WMO）建议日最高气温高于32 ℃且持续3天以上的天气为热浪，而我国一般把日最高气温超过35 ℃持续3天及以上的天气称为高温热浪。不同气候变化情景下对极端热天气危害模拟结果表明，极热天气所带来的负面影响越来越显著。

高温热浪对人群健康有着直接影响表现为和间接影响。直接影响表现为以高温热浪频率增加直接导致疾病发病率或死亡率升高。2013年日本的高温热浪导致了

58 729 例中暑患者。2010 年的高温热浪天气导致加拿大魁北克地区居民的死亡率与1981—2005 年同期相比增加了 33%。1994—2009 年间，澳大利亚阿德莱德地区的两次极端高温事件导致居民的死亡率增加了 44%。1995 年，美国芝加哥持续 5 天的高温热浪导致的死亡率比上一年同期增加了 85%。另一项研究指出，1979—1999 年间，美国共有 8 015 名居民因高温热浪而死亡。1995 年芝加哥的高温热浪导致 800 多人死亡。相比于其他气象灾害，2012 年极端高温事件造成的全世界居民死亡人数是历年来最多的。预估到 2030 年和 2050 年，全球每年因高温死亡的人数分别约为 90 000 和 25 000 人。

高温热浪不仅直接导致死亡，而且会导致由于气温升高而引发的相关疾病的发病率升高。高温热浪不仅可以增加传染病、心脑血管疾病、呼吸系统疾病的患病风险，同时也可以增加营养不良、精神疾病、损伤等风险，进而造成人群疾病负担的增加。例如，澳大利亚南部城市阿德莱德，救护车呼叫率、住院率及医院急诊住院率在热浪期间分别增加了 4%、7%和 4%。高温热浪会影响水、食物等生活必需品的供应，同时可以破坏现有的生活基础设施及医疗体系，进而对居民的心理健康造成影响。刘雪娜等的研究发现，2010 年夏季高温热浪导致济南市心理门诊病人数量增加。高温热浪也会造成供水、供电紧张，加剧光化学污染，影响工农业生产以及人类的生存和生活质量，对世界各国的国民经济和社会生活造成极大的危害。2010 年俄罗斯的高温热浪事件造成 110 万公顷土地上发生了超过 25 000 场火灾，随之而来的是空气污染的加剧。如果气温持续上升，像这种发生在俄罗斯的高温热浪事件会在全球变得越来越普遍，成为夏季的常态天气。

因此，如何应对高温热浪对人类社会造成的种种影响已然成为需要世界各国共同面对的问题。目前，减少高温热浪对人群健康的危害日益成为世界各国关注的重大问题。

第二节　问题的提出

一、高温热浪对人体健康的影响

20 世纪 90 年代以来，高温热浪现象在全世界各地频繁发生并造成严重后果。例如，2003 年，法国的高温热浪天气造成 14 000 余人死亡；意大利、葡萄牙、荷兰等国都有上千人因高温热浪而死亡（表 1-1）；当年，我国也出现了历史上罕见的大范围高温。2006 年美国加利福尼亚的热浪，导致增加 16 166 次急诊和 1 182 人住院。2010 年，俄罗斯在长达 44 天的热浪中，共有 5.8 万多人死亡。2010 年，热浪席卷北半球，俄罗斯经历了自 1880 年以来最热的 7 月份，死亡人数约为 55 000 人。2013 年日本的高温热浪造成 58 729 人发生中暑。

表 1-1 2003 年欧洲部分国家因高温热浪导致死亡的情况调查

国家	全年龄段死亡人数	时间段	死亡率基线计算方法
英国	2 045	8 月 4—13 日	1998—2001 年同时期平均死亡人数
法国	14 802	8 月 1—20 日	2000—2002 年同时期平均死亡人数
意大利	3 134	6 月 1 日—8 月 15 日	2002 年同时期平均死亡人数
葡萄牙	2 099	8 月 1—31 日	1997—2002 年同时期平均死亡人数

夏季天气炎热、昼长夜短，不仅容易影响人们的睡眠，还影响人们的心理状态和情绪。国内外研究表明，热浪期间心理疾病的门诊量和死亡率呈上升趋势；急诊率、入院率和死亡率较非高温热浪期间明显上升。高温易诱发人体呼吸系统、循环系统、消化系统、泌尿生殖系统、神经系统等多个系统的疾病，尤其是呼吸系统、消化系统和心血管系统的疾病。除此之外，研究还发现，高温与意外和自伤的发生率呈正相关，紫外线水平、夏季日最高气温与非黑色素性皮肤癌的患病率有关；有的研究结果显示，高温热浪期间儿童患传染病的风险增加。高温环境中，人体体液会大量丢失，易出现大汗、口渴等症状；长时间处于高温环境中，人体内水电解质代谢紊乱，人会中暑：轻症者出现头昏、头痛、浑身乏力、心悸、脉搏加速等症状，重症者会得热射病、热痉挛或热衰竭，有的患者会出现混合型症状。

在已有的高温热浪与健康的研究中，研究人员对高温热浪脆弱人群也进行了许多探讨。研究结果显示，老年人、婴幼儿、患有慢性疾病或其他疾病的人群（如心血管疾病患者、脑血管疾病患者、精神疾病患者、抑郁患者、行动受限者等）、新迁入居住者或者移民旅游者、社会功能欠缺人群（如低收入人群、独居者、居住在养老院和社会机构的人群、语言功能障碍者）、高温暴露的职业人群、体力活动较多的人群、服用相关药物的人群、住在低纬度的人群等都是高温热浪的脆弱人群。

我国学者对高温热浪对人体健康的影响开展了较多的研究。刘建军等概述了国内外高温热浪研究现状，并对研究方法进行了总结，提出了降低热浪危害的应对策略。陈横等采用广义相加模型定量评价了沿海城市高温热浪与每日居民死亡之间的关系。其研究结果指出：夏季日平均温度每升高 1 ℃，居民死亡相对危险度增加 3.6%。有的学者研究了 2003 年中国上海热浪对居民总死亡、心血管疾病死亡和呼吸系统疾病死亡的影响，研究结果表明与非热浪期相比，热浪能显著增加心脑血管疾病和呼吸系统疾病的发病风险和死亡风险。在一项关于高温干旱对人群健康影响的研究中提到，高温会对人体健康产生直接影响，增加人群患病或加重已有疾病的风险，如高温热浪引起的中暑导致某些慢性疾病急性发作，引起某些传染病的流行甚至爆发，从而造成死亡率大幅度增加。高温热浪也会对许多社会因素产生影响而间接影响人群健康，如造成额外的经济损失，加重水、空气等环境污染。2013 年夏季发生在中国宁波的高温热浪导致 679 例额外死亡。相关研究人员在研究热浪事件与非意外死亡和呼吸系统疾病之间的关系时发现，热浪事件会显著增加居民非意外死亡风险并存在短期滞后效应；就呼吸系统疾病而言，气温越高且热浪持续时间越长，死亡风险越高。

二、高温热浪的知、信、行水平研究

在气候变暖的背景下，各种气象灾害事件频发。其中，极端高温事件已成为严重威胁人群健康的气象灾害之一。对不同气候变化情景下极端炎热天气对人群健康影响的模拟结果表明，极端炎热天气显著增加了对人群健康的不利影响。许多强有力的证据证实，与高温相关的死亡率正在不断上升。在夏季异常炎热的初期，居民死亡率和发病率均呈较为明显的上升趋势，很可能是因为在这个阶段人们还没有很好地适应变热的天气。因此，及时采取措施应对高温热浪的不利影响、保护人群健康已经刻不容缓。

“知识、态度、行为”(Knowledge，Attitude，and Practice，K、A、P)研究通常用来收集某个特定人群对特定问题的知识掌握情况、态度和相关行为的数据。了解居民与高温热浪相关的知、信、行情况，可以更有效、有针对性地提出相关的干预措施及政策方针。目前关于气候变化及高温热浪认知的研究并不多，且大部分集中在发达国家。有研究发现，公众对气候变化及高温热浪的认知不足，缺乏对气候变化尤其是高温热浪危险性的认识，甚至对气候变化的原因和后果等存在诸多误解。在一项对美国、加拿大和马耳他三个国家居民的联合调查中发现，居民对气候变化危险性的认知不足，只有不到 1/3 的美国民众和 1/2 的加拿大民众认为气候变化已经对人类产生影响。调查结果显示，发展中国家的居民比发达国家的居民对气候变化的认知水平更低，有相当一部分调查对象认为自己不会受到气候变化的影响。另外，调查结果还表明虽然部分居民将气候变化视为中等程度的危险，但是仅有 13％的居民认为气候变化会对自己及其家人造成影响。研究发现，居民对科学家越信任，对气候变暖给予的关注就越少；女性居民、少数民族居民对气候变化较敏感；老年人对气候变化的关注度较低。

当前国内针对气候变化及高温热浪知、信、行基线水平的研究并不多。2014 年全球气候变化危险指数表明，中国是世界上遭受极端天气影响最为严重的国家之一。因此，了解我国居民的知、信、行基线水平是有效减少高温热浪危害的前提，也是提出有针对性的实施措施的重要依据。刘涛等通过对广东省居民高温热浪的风险认知、适应行为的调查发现，14.8％的居民高温风险认知水平较低。在高温热浪期间，超过一半的居民会采取较多的保护措施。研究也指出，高风险认知和低适应行为的居民发生中暑的概率较高。一项在西藏的高温认知和适应调查结果表明，当地居民普遍认为近年来西藏的温度呈上升趋势；超过 78％的居民认为高温已经对他们的生活造成了影响，并且有将近 40％的居民反映他们在夏季出现过热相关疾病的症状。目前影响公众对气候变化认知的因素主要包括人口学因素(性别、年龄、种族)、教育水平、经济收入、意识形态、情感认知、知识获取途径等，不同因素对气候变化风险的认识水平影响不同。

三、高温热浪的干预评价研究

为了应对高温热浪对人群健康带来的危害，澳大利亚、美国和加拿大等国家都采取了适应和减缓措施。这些应对措施可以直接减少疾病负担，增强社区韧性，减少人民生命和财产损失。这些应对措施也可以减少国家卫生预算的压力，提供大量潜在的可节约成本，从而能够投资建设更强大、更稳定的卫生系统。这些措施从国家、区域、政府、社区及个人等多个层面开展。例如，加拿大已经有5个城市采取了高温热浪预警系统；在欧洲，高温热浪预警系统几乎覆盖了整个欧洲大陆。在区域和社区层面的措施主要是对居民进行健康教育。个人应对高温热浪应采取常饮水、穿轻薄衣物、减少户外活动等适应措施。尽管当前高温热浪干预项目已在许多国家开展，但是关于干预效果评价的研究却很少。当前公共卫生政策评估较难开展的主要原因是混杂变量较难控制，实施障碍较多。目前笔者仅检索到几篇评估高温热浪干预效果研究的文献。为应对高温热浪，尚需更多的流行病学证据来证明高温热浪干预措施的有效性，这也是是否采取高温热浪干预措施的重要依据。

从发表的各类文献来看，高温热浪已给世界各国人民健康构成严重危害，给社会及家庭带来了许多额外的经济负担。但是，对于高温热浪所带来的热相关疾病的负担研究除了采用发病率、患病率和死亡率等一系列流行病学指标外，更要明确其卫生经济学指标，这样才能全面评价高温热浪给社会带来的影响。卫生决策者认为经济学分析可以为发达和发展中国家制定卫生政策提供重要科学依据，而当前此类研究却少之又少。因此，从经济学角度评价干预措施的有效性对于政策制定和推广具有重要的指导意义。

本书是基于国家重大科学研究计划项目“气候变化对人类健康的影响与适应机制研究”(No:2012CB955500)部分研究成果撰写而成的，主要目的是了解高温热浪对人群健康的影响及居民高温热浪的知、信、行基线水平，从而制定有针对性的高温热浪干预措施，最终通过社区干预试验评价干预措施的有效性。本研究拟通过理论来评价研究地区高温热浪对居民健康的影响，从而明确敏感疾病和高温热浪脆弱人群；随后结合现有国内外的各种适应和干预措施提出一套有针对性的高温热浪干预措施；最后通过现场试验，从实践水平上评价高温热浪干预措施的有效性。通过对以上问题的研究分析，本书提出了一套完整的研究体系，通过选取济南市作为研究现场，对这套体系的有效性进行评估。笔者希望能在不同地区进行此类试点和经验推广，最终制定一套整体上统一又因地制宜的高温热浪干预机制。

第三节　研究框架与内容

一、研究框架与内容

本研究主要包括以下几部分。首先，通过查阅相关文献，确定本书的研究主线，高温热浪与健康的有关概念、理论，国内外研究现状以及常用的研究温度与健康关系的定量模型；其次，对济南地区1951—2015年不同温度指标的变化趋势进行梳理，探寻变化规律；第三，通过高温热浪、极端温度对人群健康关系进行分析，寻找高温热浪敏感疾病和脆弱人群，为下一步制定干预措施提供理论依据；第四，选取济南历城区作为研究现场，采用多阶段分层抽样的方法抽取2400名调查对象进行高温热浪患病及知、信、行横断面调查，探讨不同知、信、行水平对热相关疾病的影响；第五，制定符合本地区实际情况的高温热浪干预措施，通过社区干预实验，从流行病学角度和经济学角度评价干预措施的效果；最后，结合国内外针对高温热浪的适应和干预措施进行综述，提出一套符合山东省乃至全国的高温热浪适应和干预机制。本书研究的具体内容如下。

第一步，通过文献回顾和资料收集明确本书的研究主线、研究背景及基础概念。

第二步，将本书中涉及的较为复杂的统计模型从原理、优势、局限性及应用范围等不同角度进行较为详细的阐述。

第三步，收集1951—2015年济南历城区逐日平均气温、逐日最高气温和逐日最低气温数据，计算三个指标的年平均值，同时计算济南市逐年气温距平。利用线性回归拟合三个温度指标的气温距平，进一步分析增温趋势。

第四步，收集济南地区2007—2013年逐日死亡数据，采用观察/预期分析法评估死亡的温度阈值。利用广义相加模型分别拟合夏季日平均气温、日最高气温和日最低气温与不同死因疾病的关系，分析高温对不同死因疾病的影响，并识别脆弱人群。

第五步，收集济南地区2007—2013年逐日死亡人数及逐日气温数据，采用分布滞后非线性模型的归因风险评估方法，分析气温暴露造成人群死亡的归因风险，并进一步探索气温对敏感人群的风险。

第六步，选取济南历城区作为研究现场，采用多阶段分层抽样的方法抽取调查对象进行横断面调查，描述居民夏季高温热相关疾病的发生情况，分析高温期间居民患病的影响因素，了解当地居民高温热浪知、信、行基线水平，探讨不同知、信、行基线水平对热相关疾病的影响。

第七步，制定符合本地区实际情况的高温热浪干预措施，采用社区干预试验的设计方法对干预组居民实施干预措施，通过对比最终从流行病学角度和经济学角度评价干预措施的效果。

第八步，根据研究结果查阅相关高温热浪适应、减缓与干预措施的文献，就目前相关措施进行汇总，为山东省乃至全国应对高温热浪提供相应的建议。

二、技术路线

本书研究技术路线如图 1-1 所示。

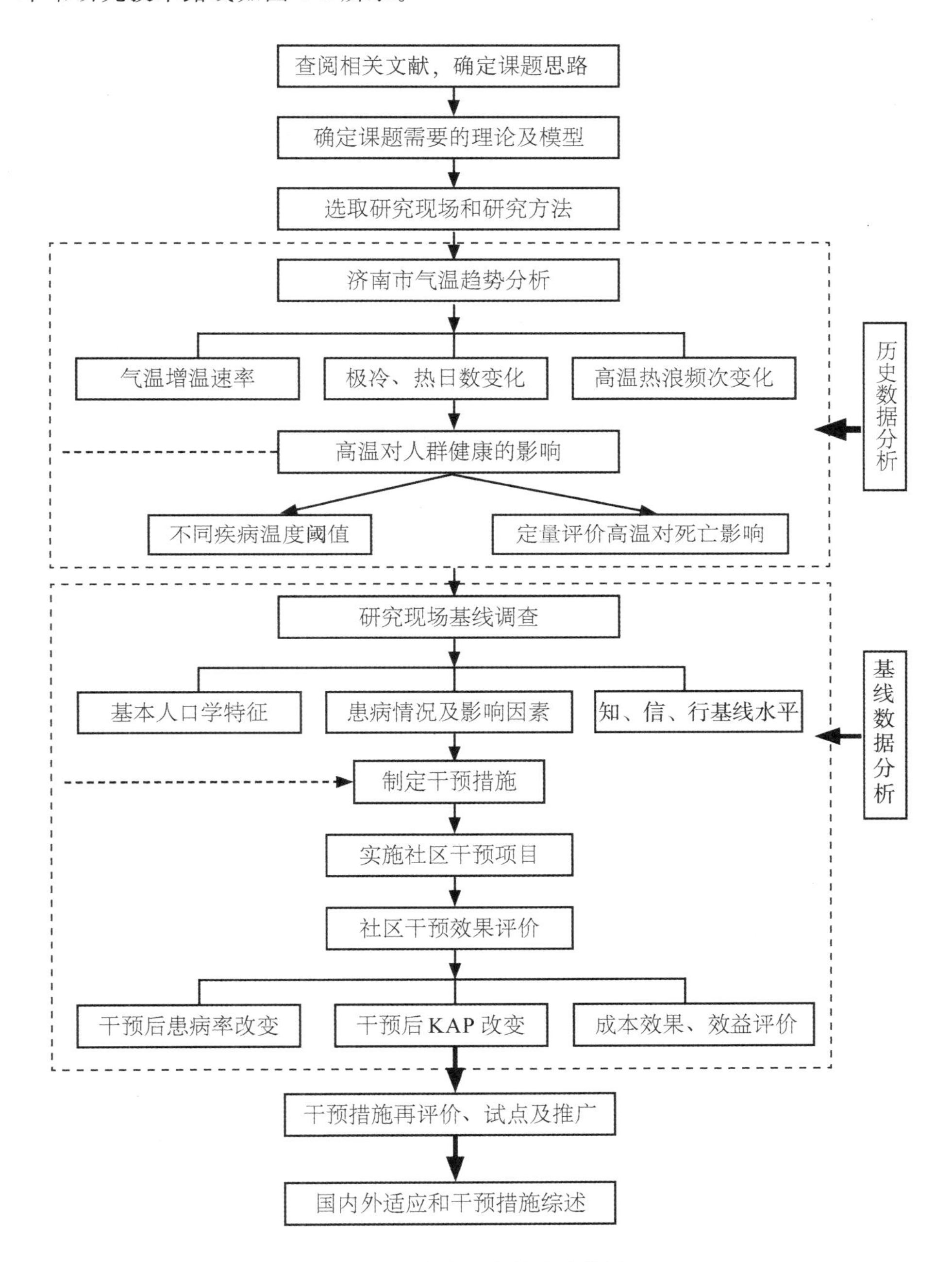

图 1-1 本书研究技术路线图

第二章 理论基础

数据信息是一切系统保持一定结构、实现其功能的基础，可用来减少和消除人们对事物认识的不确定性。因此，收集什么信息以及如何收集信息成为开展研究的首要前提。科学研究中的数据信息根据其时空特性主要可分为四类：横断面数据（cross-sectional data）、时间序列数据（time series data）、面板数据（panel data）和混合截面数据（pool data）。这些数据涉及时间、空间、暴露、结局和混杂五个维度。现状研究多为横断面数据，不具有时序性的特征，在因果推断上存在很大的局限性。队列研究和实验流行病学研究虽克服了这一不足，具有前瞻性，提供了纵向数据，但投入较大，一定程度上限制了数据的获取。监测数据来源于疾病、环境等监测系统，无须额外投入，是流行病学研究的重要资料来源。而如何利用好监测数据，选择合适的模型，充分挖掘信息，合理提取有效特征，得到科学、准确的结论，是科研人员需要解决的又一难题。基于此，本书对所涉及的主要模型的原理、适用条件及优劣势进行了阐述。

第一节 广义相加模型

一、基本原理

广义相加模型（Generalized Additive Model，GAM）是在广义线性模型（Generalized Linear Model，GLM）和相加模型（Additive Model，AM）的基础上发展而来的，其通过对非参数函数的拟合来估计因变量与众多自变量之间过度复杂的非线性关系，适用范围更广。因此，广义相加模型是一种非参数化回归方法，可以通过数据平滑技术处理得到非参数函数，其唯一需要做的假设是各个函数项是可加的并且是平滑的。它允许每个自变量作为一个不加限制的平滑函数，而不是仅仅作为一种呆板的参数函数被拟合，通过对全部或部分自变量采用平滑函数的方法建立模型。GAM 的基本表达式为：

$$g(\mu_i)=\beta_0+f_1(x_{1i})+f_2(x_{2i})+f_3(x_{3i})+\cdots+\varepsilon \quad (2\text{-}1)$$

式中，$g(\mu_i)$代表连接函数，可以是指数族分布中的任一种分布，如正态分布、二项分布、Poisson 分布、负二项分布等，常见的概率分布和连接函数可见表 2-1；$f_1(x_{1i})$，$f_2(x_{2i})$，$f_3(x_{3i})$代表各种平滑函数，如平滑样条、局部回归、自然立方样条等；ε 代表残差。

表 2-1 GAM 常见的概率分布和连接函数

概率分布	连接函数	$f(Y)$
正态分布	Identity	Y
二项分布	Logit	Logit(Y)
Poisson 分布	Log	Log(Y)
γ 分布	Inverse	$1/(Y^{-1})$
负二项分布	Log	Log(Y)

广义相加模型的参数估计主要基于局部得分算法(Local scoring algorithm)和回切算法(Backfitting algorithm)。局部得分算法是 Fisher 记分过程用于广义线性模型中发现极大似然估计的推广,而回切算法适用于任何加性模型。当广义相加模型包含数个平滑函数时,该算法可用于局部得分算法的迭代运算。不同于使用加权最小二乘法并有精确解的线性回归模型,广义线性模型的参数估计过程需要迭代近似值以寻求最优参数估计值。这是因为,广义相加模型中平滑样条的回切过程会使惩罚对数似然函数值最大化,可用 $l_p(\eta,y)=l(\eta,y)+P$ 表示;其中,y 是观测值的矢量,$l(\eta,y)$是线性预测项 η 的似然函数,P 是一个用于解释平滑性的二次惩罚项,这就等同于贝叶斯分析中使用满足平滑关系的先验去求后验分布的最大值。

在 GAM 构建中,如何确定节点的个数即样条函数的自由度以选择最优的平滑函数为建模的关键,也是模型拟合的难点。部分研究采用广义交叉验证(Generalized Cross-Validation, GCV)的方法确定自由度,在 R 语言中可用"mgcv"包实现。模型的参数估计基于局部得分算法和回切算法。与最小二乘法得到的解析解不同,该参数估计只能求得数值解。

二、主要用途

GAM 模型可以对时间序列数据进行分析,其主要用途如下。

(1) GAM 模型可以有利于多个非参数平滑函数对多个混杂因子进行控制,包括长期趋势、季节趋势、短期变动、双休日效应以及除温度之外的其他气象因素、空气污染因素的混杂因子。

(2) 在统计分析中,多变量线性回归模型是预测问题中最常用的工具,但它要求反应变量的期望与每个预测变量的关系都是线性的;如果这一假设不成立,可以考虑用广义可加模型进行拟合。

(3) 此模型不对预测变量的形式作具体要求,而是采用非参数的方法进行拟合,唯一需要做的假设是各函数项是可加的且是光滑的,所以应用范围较广,尤其是在 Poisson 回归类型的资料中应用很多。

第二节　分布滞后非线性模型

分布滞后线性模型(Distributed Lag Linear Models，DLM)由 Almon 于 1965 年提出，并应用于经济学研究。2000 年，Schwartz 和 Braga 等将该模型引入环境健康效应的定量化评估；同时期，Zanobett 将广义相加模型的思想与分布滞后模型思想综合，提出广义相加分布滞后模型(Generalized Additive Distributed Lag Models)。分布滞后非线性模型*最早在流行病学研究中被提及。2006 年，Armstrong 等将 DLNM 引入气温健康效应研究中，并提出该模型运算思想。2010 年，Gasparrin、Armstrong 等进一步以广义线性模型和广义相加模型等传统模型的思想为基础，利用交叉基(cross-basis)过程，阐述了分布滞后非线性模型的理论。本书将从以下四个方面对该模型进行介绍。

一、模型的基本结构

$$g(\mu_t)=\alpha+\sum_{j=1}^{J}s_j(x_{tj};\beta_j)+\sum_{k=1}^{K}\gamma_k u_{tk} \tag{2-2}$$

式中：$\mu_t=E(Y_t)$；g 是连接函数族；Y 可为多种概率分布，如正态分布、gamma 分布、Poisson 分布等。环境健康效应研究中，因变量 $y_t(=1,2,\cdots,n)$ 通常是人群中某阳性事件的逐日累计人数(如每日死亡人数、每日患病人数等)。而自变量 x_j 通常是同期的逐日空气污染物浓度、温度、相对湿度等环境因子，连接函数通常采用 Poission。u_k 表示其他混杂因素的线性效应，β_j、γ_k 为相应的参数。

f_j 表示自变量 x_j 的各种基函数(basis function)。通过选择合适的基函数，可将自变量 x_j 转化成一个新的变量集，包含在模型的设计矩阵中，从而对其效应进行估计。常用的基函数有正交函数、线性阈值函数和样条函数等；其中，样条函数应用最广，如样条平滑(smoothing spline)、自然三次样条(natural cubic spline)、B 样条(B spline)等，见式(2-3)。

$$f(x_t;\beta)=Z_t^T,\beta \tag{2-3}$$

矩阵 Z 由自变量 x 通过基函数转换产生，Z_t 代表 Z 矩阵的第 t 行，Z 矩阵随后被纳入模型的设计矩阵中用来估计参数 δ。

二、滞后效应

由于暴露的影响存在滞后性，当天的结局可能受 1 天前暴露的影响。为了描述暴露的滞后效应，对 x 自变量进行简单转换产生 $n\times(L+1)$的 Q 矩阵，即：

$$q_t=[x_t,\cdots,x_{t-l},\cdots,x_{t-L}]^T \tag{2-4}$$

---

* 分布滞后非线性模型：Distributed Lag Non-Linear Models，DLNM

式中：L 是需定义的最长滞后天数；$q_1 \equiv x$（Q 矩阵的第一列），同时定义 $l=[0,\cdots,1,\cdots,L]^T$ 作为滞后向量（Q 矩阵的第 $L+1$ 列）。这样，通过给暴露-反应关系添加滞后维度，实现同时描述因变量在自变量维度与滞后维度的分布。

三、交叉基

DLNM 模型的算法相当复杂，其核心思想为交叉基。对自变量与因变量的关系、滞后效应的分布分别选择合适的基函数，求两个基函数的张力积即得交叉基函数。具体步骤如下：首先建立因变量与自变量的模型，选择基函数定义因变量随自变量的分布，得到基向量 Z；接着为暴露添加新的滞后维度，再给矩阵 Q 每列选择合适的基函数，这样得到 $n \cdot x \cdot (L+e)$ 的三维序列 R，见公式(2-5)。

$$f(x_t;\eta)=\sum_{j=1}^{v_x}\sum_{k=1}^{v_1} r_{tj}^T c_k \eta_{jk} = w_t^T \eta \tag{2-5}$$

式中：r_{tj} 为通过基函数 j 变换得到的时间 t 的滞后暴露向量；w_t 由自变量 x_t 由交叉基函数变换得来。与传统模型不同，DLNM 模型能同时描述效应在自变量的维度与滞后维度的变化分布。

四、累积效应

暴露对反应的影响是非线性的，其计算过程相当复杂，分析结果中含有丰富的信息。Gasparrini 和 Armstrong 等提供了 R 语言编写的分布滞后非线性模型软件包（Package＝dlnm）。他们采用三维图形表达滞后效应的估计结果，通过为特定滞后时间与暴露组合设定一个网格，随着这两个坐标变化的效应值就构成一个形象直观的 3D 图。而且特定滞后时间或特定暴露的滞后效应可以通过对滞后效应分布图进行简单横截得到，将每个滞后时间的滞后效应的贡献相加便得到累积滞后效应，其估计值与标准误差的计算如式(2-6)，式(2-7)为估计参数的方差-协方差矩阵。

$$E_{tot}=W^p \hat{\eta} \tag{2-6}$$

$$E_{tot}^{se}=\sqrt{\operatorname{diag}[W^p V(\hat{\eta}) W^{pT}]} \tag{2-7}$$

第三节　基于 DLNM 模型的归因风险评估

人群归因分值（Attributable fraction, AF）是定量描述暴露危险因素（如空气污染、温度等）对人群健康结局作用大小的统计指标，表示人群归因于某种因素引起的发病或死亡占人群全部发病或死亡的比例。由归因分值和暴露总人口可以算出归因总人数（Attributable number, AN）。通常暴露危险因素的强度不是固定不变的，而是持续变化的，因此可将暴露分成不同水平，分别计算相对于基线暴露水平的人群风险，再将风险累加估算人群 AF，见式(2-8)。

$$\mathrm{AF}=\frac{\sum(\mathrm{RR}_j-1)}{\sum(\mathrm{RR}_i-1)+1}=1-\exp\left(-\sum\nolimits_{i=1}^{p}\beta_{xi}\right) \tag{2-8}$$

式中：RR_i 为暴露水平 i 与基线水平相比的相对危险度；β_{xi} 为暴露水平时的效应量。对于 t 时间的累积滞后风险，有“向后视角”与“向前视角”两种情景；其中，第一种认为第 t 天的风险为前一段时间暴露效应的累积，第二种认为第 t 天的风险为未来一段时间暴露效应的累积，如图 2-1 所示。所有研究时间点的暴露归因人数累积除以暴露总人数，即得暴露的合计归因风险，计算公式如下。

$$(AN_{tot}=\sum_{i=1}^{m}AF_{x,t});AF_{tot}=AN_{tot}/\sum_{i-1}^{m}t,i) \tag{2-9}$$

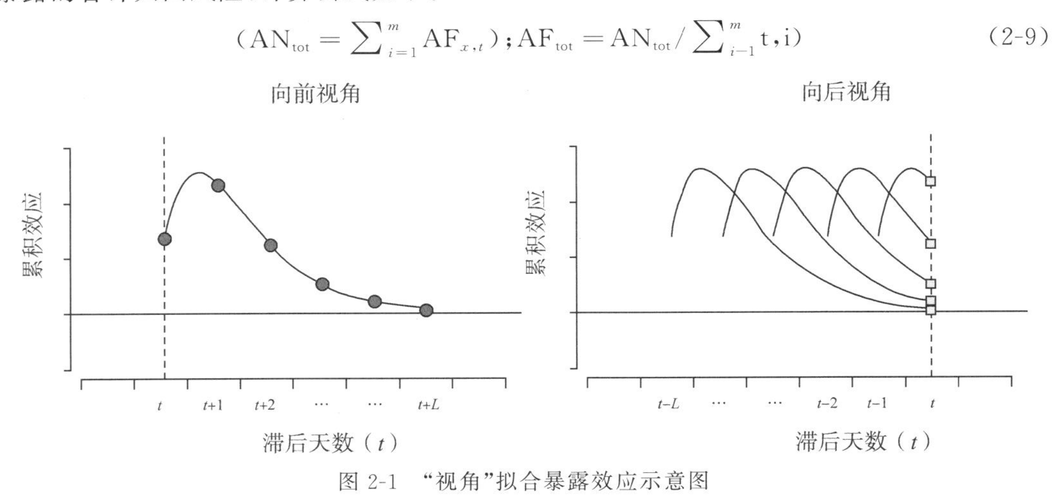

图 2-1 “视角”拟合暴露效应示意图

第四节 双重差分模型

双重差分模型*分析是计量经济学中评价公共政策或项目干预效果应用最广泛的定量分析方法之一。

通常大范围的公共政策有别于普通科研性研究，难以保证对于政策实施组和对照组在样本分配上的完全随机。非随机分配政策实施组和对照组的试验称为自然试验(natural trial)。此类试验存在较显著的特点，即不同组间样本在政策实施前可能存在事前差异，仅通过单一前后对比或横向对比的分析方法会忽略这种差异，继而导致对政策实施效果的有偏估计。DID 模型正是基于自然试验得到的数据，通过建模来有效控制研究对象间的事前差异，将政策影响的真正结果有效分离出来。

一、DID 模型介绍

在干预效果评价方面，DID 模型通过“前后差异”和“有无差异”的有效结合，在一定程度上控制了某些除干预因素以外其他因素的影响；同时，在模型中加入其他可能影响结局变量的协变量，又进一步控制了干预组和对照组中存在的某些“疑似”影响因素，来补充“自然试验”在样本分配上不能完全随机这一缺陷，因而得到对干预效果的真实评估；

---

* 双重差分模型：Differente in difference，DID。

另外，构造模型所需满足的条件较少，又成为该模型在计量经济学界广泛应用的原因之一。

二、DID 模型假设

在使用 DID 模型之前，要确保数据满足三个假设：

(1) 干预组项目的开展对对照组的相关研究变量不产生任何影响，即项目实施仅造成干预组相关研究变量的改变。例如，对一项营养干预项目进行效果评价，干预组内的所有 5 岁以下儿童均可得到免费的营养支持，而对照组则无。若有部分对照组研究对象通过各种办法也获得了该项免费营养支持，则违反了本模型的第一项假设，造成对干预效果的低估。

(2) 项目开展期间，宏观环境（除项目实施以外的因素）对干预组和对照组的影响相同。

(3) 干预组和对照组的某些重要特征分布稳定，不随时间变化，即在整个项目开展期间保持稳定。

三、DID 模型核心构造

DID 模型的核心是构造双重差分估计量（DID estimator），通过对单纯前后比较（干预前 vs. 干预后）和单纯截面比较（干预组 vs. 对照组）的结合，得到公式(2-10)。

$$\text{did}=\Delta\overline{Y}_{\text{treatment}}-\Delta\overline{Y}_{\text{control}}=(\overline{Y}_{\text{treatment},t_1}-\overline{Y}_{\text{treatment},t_0})-(\overline{Y}_{\text{control},t_1}-\overline{Y}_{\text{control},t_0}) \quad (2\text{-}10)$$

式中：did 就是双重差分估计量，Y 为研究的结局变量，右侧脚标 treatment 和 control 分别代表干预组和对照组；t_0 和 t_1 分别代表干预前试验和干预后试验。构造差分估计量之后，就要根据不同的数据类型和不同的结局变量 Y，分别选用相应的参数检验方法来进行建模。

对于不同的数据类型，DID 模型的双重差分估计量的估算方法有所不同。本书仅就所涉及的、适用于独立混合横截面数据的 DID 模型进行简述。

四、独立混合横截面数据的 DID 模型简介

独立混合横截面数据是在不同时间点从同一个大的总体内部进行随机抽样，将所得的数据混合起来的一种数据集。该类数据的特点为每一条数据都是独立的观测值。通过将不同时间点的多个观测值结合起来，从而可以加大样本量以获得更精密的估计量和更具功效的检验统计量；也可加入新的变量——时间（即干预前后），以便判断干预前后的差别。对于总体一致、范围较大、涉及不同时间点的调查研究，多收集此类数据。

这类数据的 DID 模型基本形式为：

$$Y_{it}=b_0+b_1*T_{it}+b_2*A_{it}+b_3*T_{it}*A_{it}+\varepsilon_{it} \quad (2\text{-}11)$$

式中：Y 为被解释变量；T 和 A 是分别代表时间和分组的虚拟变量；$T*A$ 即为时间和分组虚拟变量的交互作用。在回归分析中，被解释变量不仅受一些定量变量的影响（如年龄、收入、体重等），还受到一些定性变量的影响（如性别、婚姻关系、是否患病），这些定性变量称为虚拟变量。其中，ε 代表残差；角标 i 代表不同个体，角标 t 代表不同时间点。i

$=0$ 和 1 时，分别代表对照组和干预组；$t=0$ 和 1 时，分别代表基线和随访。

当个体 i 属于干预组时，被解释变量 Y 在随访和基线期间的差 $\Delta Y_{i(1)}$ 为：

$$\Delta Y_{i(1)}=\Delta Y_{i1}-\Delta Y_{\lambda 0}=(b_0+b_1+b_2+b_3)-(b_0+b_{02})=b_1+b_3$$

同样，当个体 i 属于对照组时，被解释变量 Y 在随访和基线期间的差 $\Delta Y_{i(0)}$ 为：

$$\Delta Y_{i(0)}=\Delta Y_{i1}-\Delta Y_{\lambda 0}=(b_0+b_1)-b_0=b_1$$

那么，干预的实际效果，即干预组和对照组在随访前后被解释变量的差 $\Delta\Delta Y_i$ 为：

$$\Delta\Delta Y_i=\Delta Y_{i(1)}-\Delta Y_{i(0)}=(b_1+b_3)-b_1=b_3$$

因此，b_3 就是我们最感兴趣的双重差分估计量。

由于混合独立横截面的一大特点，即数据集都是由独立抽取的观测值构成的，因此可以满足残差项与分组解释变量完全独立的条件，即：

$$E(e_{it}|A_{it})=0 \tag{2-12}$$

在确定满足式(2-12)条件及满足回归方程要求的“LINE”条件(线性、独立、正态分布、方差齐)后，该模型可采用普通最小二乘法(OLS)来进行回归，并得到无偏的估计量。若在实际情况中得到的数据不满足以上“LINE”条件，则需要对数据进行进一步转化、分层以及使用广义最小二乘法等方法来进行模型的构造。

由于一般大规模的人群调查存在较大的变异性问题，仅在模型中纳入虚拟变量“分组(A)”“时间(T)”是远远不够的。为了提高解释系数 R^2，需要加入其他可能影响被解释变量的因素，即控制除分组、时间变量以外的其他变量。对于结局变量是一些偏态分布的连续型变量，可通过非线性处理(如取自然对数)后再行建模，而进一步提高模型的拟合度。

第五节　卫生经济学分析与评价方法

卫生经济学分析与评价是基于卫生资源的有限性和人们对卫生服务需求的无限性的矛盾，运用经济学方法对两个或者两个以上的卫生服务项目进行成本和结局的比较分析，为有限的卫生资源(投入)产生最大的效益(产出)提供决策依据。完整的卫生经济学评价需要满足两个基本条件：一是任何卫生经济学评价的项目必须有两个或者两个以上可供选择的方案；二是须同时考虑项目的投入和产出，一般用成本来计算投入、用节省的资源或者项目实施后生命健康状况改变的结果来衡量产出。按照不同的评价角度，卫生服务项目的产出可运用效果(effectiveness)、效益(benefit)和效用(utility)等来进行测量。完整的卫生经济学评价的主要方法包括成本效果分析(Cost Effectiveness Analysis，CEA)、成本效益分析(Cost Benefit Analysis，CBA)和成本效用分析(Cost Utility Analysis，CUA)。成本效用分析在本书中未用到，故不做详细解释。近年来，卫生经济学的分析与评价方法在论证卫生政策、卫生规划实施方案设计、卫生技术措施的经济效果评价以及对医学科学研究成果进行综合评价等领域中得到广泛应用。

一、成本效果分析(Cost Effectiveness Analysis, CEA)

(一) 基本概念

成本效果分析是测量和比较某项卫生干预措施的净成本与效果(临床上或生命质量)的一种分析技术。成本用货币单元计算。效果是用非货币单位表示健康产出的结果,如死亡率的下降、挽救的生命年数、药物疗效的百分比等。该方法运用的条件是目标相同、指标同类的比较,不能用于目标与结果不同的项目比较。

CEA 常用的指标包括平均成本效果比(Cost Effectiveness Ratio, CER)和增量成本效果比(Incremental Cost Effectiveness Ratio, ICER)。CER 为每一效果单位所消耗的成本:CER=不同措施成本/相应效果,值越小说明干预措施方案就越有效。

ICER 是计算一种新干预手段较常规干预手段的相对成本和效果之差的比值,即每增加一个额外效果需要投入的成本。

ICER=$(C_2-C_1)/(E_2-E_1)$,C_2、C_1 分别为干预项目和常规项目的花费,在本研究中即指干预组和对照组的投入;E_2、E_1 为干预组和对照组的健康效果。根据 WHO 关于药物经济学评价的推荐意见:ICER<人均 GDP,增加的成本完全值得;人均 GDP<ICER<3 倍人均 GDP,增加的成本可以接受;ICER>3 倍人均 GDP,增加的成本不值得。这是国外学者常用的策略优选计量法,即通过计量经济学模型开展总成本的参数估计和影响因素分析,也可直接计算 ICER 及相关的区间估计值。

(二) 分析方法

1. 分析条件

(1) 明确的目标。

卫生项目的目标可以是服务水平、行为改变、对健康的影响等。

(2) 明确备选的方案。

有 2 种或 2 种以上备选方案才能进行比较分析与评价。

(3) 可比的备选方案。

不同方案的目标一致,或不同方案对目标的实现程度一致。

(4) 可以测量每个方案的成本和效果。

成本以货币表示,结果可以是定量的,也可以是定性的,定性的结果需要进行分量化。

2. 分析方法

(1) 当各方案的成本基本相同时,比较其效果大小,以效果大者为优选方案。

(2) 当各方案的效果基本相同时,比较其成本大小,以成本低者为优选方案。

(3) 当各方案的效果与成本都不同时,比较成本效果比例或增量成本与增量效果的比例,以比值小者为优选方案。

3. 多效果指标的处理方法

当比较的效果指标有多个时,不同方案之间的比较就应采用适当方法简化效果指标。一是精选效果指标,去掉满足条件较差的指标,或尽量选择重点内容作为效果指标;

二是采用综合评分法，将各效果指标转化为综合指标来评价效果。

4. 敏感度分析

在成本效果分析中，一些参数是不确定的，需要变化这些参数来检验结果的敏感性和稳定性。若参数变化后，结果不受影响或者变化很小，则可增强结果的可信度。有些参数通常具有不确定性，如疗效率、不良反应率、成本估计值和贴现率等。在敏感性分析中通常需要改变参数的可信区间，分别取可信区间的下限和上限来进行敏感性分析。

二、成本效益分析(Cost Benefit Analysis, CBA)

（一）基本概念

成本效益分析是计算不同策略的人均全部预期成本（直接成本和间接成本）和人均全部预期收益，根据以上两个指标分别计算出不同方案的净效益（Net Benefit, NB）和效益成本比（Benefit-Cost Ratio, BCR）。“NB=不同措施带来的效益—相应成本”一式，用来衡量某种干预措施的净效益；其中，NB为正值则为正效益，否则相反。

直接经济负担，是指在疾病诊治及康复过程中直接消耗的费用。根据来源不同，直接经济负担可分为直接医疗费用和直接非医疗费用两部分。前者是指患者在进行医疗诊治时消耗的各种医疗费用，通常包括住院费、药品费、挂号费等；后者是在医疗服务过程中不可避免地相伴发生的费用，如交通费、食宿费、营养加强费和护工费等。直接经济负担数据具体、易测，但往往存在回忆偏倚；为避免病人的回忆偏倚，多从医疗机构或病人保险系统获得此数据。

无形经济负担又称社会费用，是以货币的形式衡量疾病给患者及其亲属所带来的身体和精神上的痛苦、心理上的抑郁和悲伤及生活质量的降低，最终以有形方式进行衡量。无形经济负担多采用支付意愿法进行测算，此方法被《中国药物经济学评价指南》推荐。支付意愿法已在测算慢病、非典型性肺炎的无形费用中被采纳过。

（二）分析方法

1. 选择原则

(1) 相互独立的方案。

对一种方案的选择不影响对其他方案的选择。对于这组方案，可以根据决策全部采纳或部分采纳，也可以完全不采纳。当资金有限时，通常采用效益成本比率法以及净现值法来选择最佳组合的方案。

(2) 相互排斥的方案。

当选择某一方案而不能再选择其他方案时，在预算有约束的情况下，可采用内部收益法来评价，收益大者方案为优；在预算没有约束的情况下，可采用增量内部收益法来评价，以增量收益大者方案为优。

(3) 相互依赖的方案。

一般将它们合并作为一个方案来评价，然后再与其他方案比较是否相斥或是否独立。

2. 常用分析方法

成本效益分析通常采用3种结果指标和方法进行评价。

(1) 净现值法(Net Present Value, NPV)。

净现值是根据货币时间价值的原理,消除货币时间因素的影响,将未来的收益换算成当前货币价值的方法,是说明卫生服务在计算期内获利能力的动态评价指标。

(2) 效益成本比率法(Benefic Cost Ratio, BCR)。

效益成本比率法是用卫生服务方案的效益现值与成本现值总额之比来反映效益现值和成本现值比较关系的一种考察资金利用效率的方法,表示单位投资现值所取得的超额净效益。

"BCR=不同措施带来的效益/所需的成本"一式,表示在实施相应的干预措施时,每投入1元钱能得到多少收益。BCR>1为正效益;反之,为负效益。BCR的大小可作为不同干预措施优选的依据。

(3) 内部收益率法(Internal Rate of Return, IRR)。

由于贴现率的大小对净现值影响很大,当效益现值总值等于成本现值总值时,即净现值为零时的贴现率称为内部收益率。在进行各种计划或方案的成本效益分析时,应选择IRR最大的计划或方案。

第三章　典型高温城市——济南的气温趋势分析

第一节　济南的自然、社会与经济概况

一、概况

济南市地处鲁中山北侧(北纬 36°40′,东经 117°00′),南依泰山,北临黄河及鲁西北平原,分别与西南部的聊城、北部的德州和滨州、东部的淄博、南部的泰安交界,地势南高北低。

济南地形可分为三带:北部临黄带、中部山前平原带、南部丘陵山区带,境内主要山峰有长城岭、跑马岭、梯子山、黑牛寨等;山地丘陵 3 000 多平方千米,平原 5 000 平方千米,最高海拔 1 108.4 米,最低海拔 5 米,南北高差 1 100 多米。

济南市之所以泉水众多,是因为它具有独特的地形地质构造。济南市处在山东省的心脏地带,鲁中南的低山丘陵与鲁西北的冲积平原正好把它夹在中间,形成一个平缓的单斜构造,高差达 500 多米,市区的地势自然也就随之南高北低。这种南高北低的地势,利于地表水和地下水向城区汇集。

济南市地处中纬度地带,受太阳辐射、大气环流和地理环境的影响,属于温带季风气候,其特点是季风明显、四季分明,春季干旱少雨,夏季温热多雨,秋季凉爽干燥,冬季寒冷少雪。济南市年平均气温为 13.8℃,无霜期为 178 天;最高气温纪录为 42.5℃(1955 年 7 月 24 日),最低气温纪录为－19.7℃(1953 年 1 月 17 日);最高月均温为 27.2℃(7 月),最低月均温为－3.2℃(1 月);年平均降水量为 685 毫米,年日照时数为 1 870.9 小时(2009 年)。济南市高温热浪、大风、暴雨等灾害事件频发,严重影响人们的正常生产和生活。

二、水资源

由降水及黄河侧渗补给形成的济南市天然水资源总量为 16.07 亿立方米。济南市素以泉水众多而闻名。据统计,济南市有四大泉域、十大泉群、72 处名泉、733 处天然泉,这在国内外城市中都是罕见的。济南市是天然岩溶泉水博物馆,也被誉为“泉都”。济南的泉水不仅数量多,而且形态各异,精彩纷呈。盛水时节,泉涌密集区呈现出“家家泉水,户户垂杨”“清泉石上流”的绮丽风光。济南市现已利用丰富的泉水资源,建设了济南泉水浴场。

三、矿产资源

济南市矿产资源丰富,黏土、石灰岩、白云岩特别是石灰岩品位高、储量大;花岗石中

的黑色花岗石，质地纯正，为国内独有。“济南青”辉长岩和“柳埠红”花岗岩远销欧亚非等30多个国家和地区。济南市的铁、煤、花岗石、耐火黏土以及铜、钾、铂等多种有色金属、稀有金属和非金属资源丰富。

四、林木资源

济南市的林木资源主要有乔木、灌木两大类60多科300多种，当地盛产苹果、黄梨、柿子、核桃、山楂、板栗、大枣等，并产有远志、丹参、枣仁、野菊、香附等多种药材；另外，白莲藕、大葱、玫瑰花、芦苇等也有较高的产量，并在省内外享有盛名。

五、人口

根据《济南市2010年第六次中国人口普查主要数据公报》，济南市常住人口为681.40万人，市区人口为433.59万。济南市是中国东部散居少数民族人口较多的省会城市，有49个少数民族，人口为109 299人，占济南市总人口1.84%，其中回族人口占少数民族总人口的88.79%。

六、经济综述

2015年济南市生产总值为6 100.2亿元，比上年增长8.1%。从产业看，第一产业增加值为305.4亿元，增长4.1%；第二产业增加值为2 307.0亿元，增长7.4%；第三产业增加值为3 487.8亿元，增长8.9%。三大产业比重分别为5.0∶37.8∶57.2。

七、会展

济南市大力发展文化创意产业和会展业，成功举办了第七届中国国际园林花卉博览会和2010年中国糖酒会，也涌现了大批展览展示公司等行业领军企业。济南市在拥有济南国际会展中心和济南舜耕国际会展中心两大会展中心的基础上，在槐荫区建设的济南西部会展中心已于2019年6月底竣工，三馆齐发的会展格局已然形成。

八、贸易

济南市现代服务业繁荣发达、服务功能健全，市区范围共有各类商业网点数量近40 000个；其中，购物中心、商场、超市、便利店等布局合理、数量庞大。2016年社会消费品零售总额达3 764.8亿元，增长10.4%。分城乡看，城镇社会消费品零售总额为3 418.9亿元，增长10.5%；乡村社会消费品零售总额为345.9亿元，增长9.8%。

九、金融

中国人民银行济南分行成立于1998年12月15日。作为央行总行的派出机构，济南分行负责领导和管理山东、河南两省的人民银行分支机构的工作，并与国家外汇管理局山东省分局合署办公，下辖郑州中心支行（正厅局级）、分行营业管理部（副厅局级）、青岛市中心支行（副厅局级）和31个市中心支行、210个县支行。

第二节　济南市气温趋势分析概述

近百年来，伴随着全球气候变化和城市化进程的加快，气候变暖是当前地球发生的显著变化之一。IPCC第五次评估报告指出，近30年是有气象记录以来最热的30年，如果气候持续变暖，未来全球极端天气事件发生的频率会更高、范围会更广、强度会更大。随着未来气温的持续变化以及经济、环境、人口压力的不断增加，气候变暖造成的经济损失和健康危害也会越来越大。因此，全球气候变暖已经引起各国政府和科学家前所未有的关注和重视。

在全球气候变暖这一背景下，中国大部分地区也呈现出明显的增温趋势。近100年来，中国的年平均温度上升了0.5，近50年增温尤为明显。近50年全国年高温日呈现“V”形分布，20世纪80年代之后年高温日数呈现明显增多的趋势。从地区分布来看，我国西北、华北地区高温日数逐年增加，其中以华北区域增加幅度最为显著。

近年来，高温天气在济南市的发生频率、强度也在不断增加。2005年6月15～24日，济南市日最高气温均高于35℃，23日最高温度甚至达到40.9℃，为1951年至今同期最高值。高温热浪期间，城市用电负荷增长，传染病、慢性非传染性疾病、营养不良、精神疾病、损伤等患病风险增加，其中老年人、儿童、患有慢性基础性疾病的人群、贫困人群、户外工作者等高温热浪敏感人群患病风险的增加更为明显。

为了进一步了解济南地区气温变化趋势为下一步开展温度对人群健康影响的研究提供依据，本书分析了1951—2015年65年来7个不同气温指标（日最高气温、日最低气温、日平均气温、高温日数、热浪次数、极端高温日数、极端低温日数）的变化情况。

一、数据收集

本研究收集了1951—2015年共65年济南市平均气温（Daily mean temperature, T_{mean}）、最高气温（Daily maximum temperature, T_{max}）和最低气温（Daily minimum temperature, T_{min}）的逐日数据（源自中国气象科学数据共享服务网，http://data.cma.cn/site/index.html）。对于个别缺失的数据，本书中利用邻近前后3天数据取平均值替代。

二、高温天气特征

根据中国气象局有关规定，日最高气温大于等于35℃定义为高温日，连续3天及以上的高温日定义为“热浪”。本研究中，极端高温指日最高气温大于等于第97.5百分位数；以逐日最低气温第2.5百分位数为阈值，温度小于等于此阈值即为极端低温。

三、统计分析

本研究利用1951—2015年济南市逐日平均气温、逐日最低气温和逐日最高气温的数据分别计算3个指标的年平均值；以1971—2000年30年年平均值作为参考值，计算济南市逐年气温距平（Average temperature anomaly, ℃）。利用线性回归拟合济南市逐年平均气温、逐年最低气温和逐年最高气温的温度距平，进一步分析增温趋势，回归方程如下。

$$y_x = a + bx + e_x \tag{3-1}$$

式中：y_x 指第 x 年的气温距平；a 为常数项；b 为斜率，即该地区年平均气温/最低气温/最高气温的增温速率，把 $b*10$ 年称为每十年增温速率；e_x 为回归方程的残差。

回归系数 a 和 b 由最小二乘法拟合决定，增温速率的统计学显著性由方差分析检验。本研究所有分析可通过 Excel 和 R 软件完成。

四、济南气温趋势分析结果

(一) 平均气温、最低气温和最高气温变化趋势分析

图 3-1 为 1951—2015 年济南市平均气温(A)、最低气温(B)和最高气温(C)增温速率图。1951—2015 年,济南市逐日平均气温均值、逐日最低温和逐日最高温均值分别为 14.5℃(−14.8℃,35.8℃)、10.3℃(−19.7℃,31.5℃)和 19.6℃(−10.7℃,42.5℃)。三个温度指标表现为一致的上升趋势。其中,最低温的年增温幅度最大,为 0.28℃/10a*($P<0.05$);平均温次之,为 0.18℃/10a($P<0.05$);最高温的增温幅度为 0.06℃/10a($P>0.05$)。

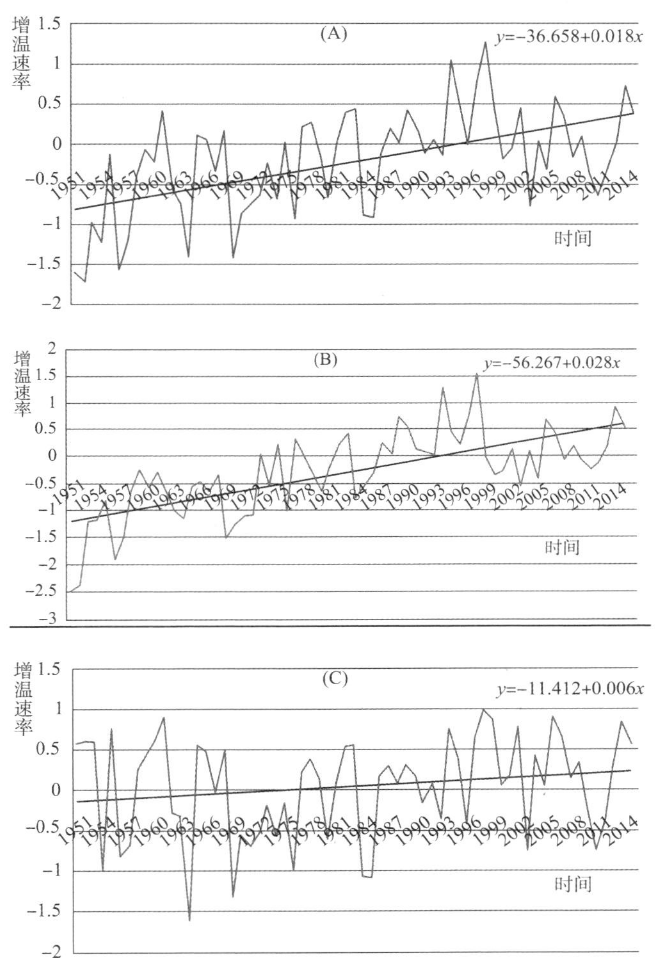

图 3-1 1951—2015 年济南市平均气温(A)、最低气温(B)和最高气温(C)增温速率

* 10a:表示 10 年。

（二）极端热日数和极端冷日数变化情况

图 3-2(A)表示 1951—2015 年年极端热日天数和极端冷日天数变化情况。由图 3-2(A)中可知，随着时间的推进，年极端热日天数和年极端冷日天数是呈下降趋势的。这种变化与一般认知是不同的。笔者进一步分析了 1971—2015 年的年极端热、冷日数变化。由图 3-2(B)可见，1997、2002 及 2005 年极端热日天数分别出现了 20 次、20 次和 16 次；极端冷日频率出现较高的年份分别为 1971 年(15 次)、1977 年(17 次)和 1984 年(13 次)。从整体上看，年极端热日天数是随着时间的推进呈上升趋势($P<0.05$)，而年极端冷日天数则呈下降趋势($P<0.05$)。

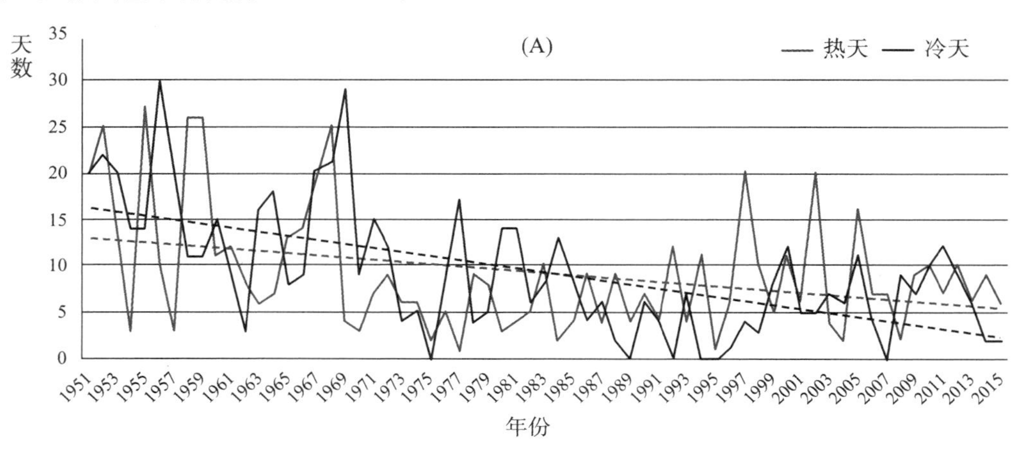

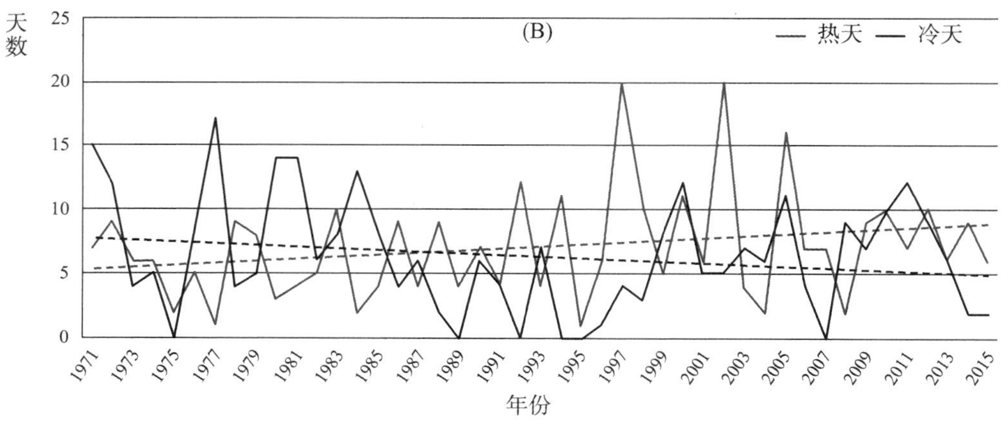

图 3-2　济南市 1951—2015 年(A)和 1971—2015 年(B)年极端热、冷日数变化情况

（三）高温天数及热浪次数变化情况

1951—2015 年的统计结果如图 3-3 所示。高温日数共出现 980 天，约占 65 年总天数的 4.1%，平均高温日达 15 天/年。从济南市历年年高温日数分布来看，济南市年高温日数分布差别较大，最高值出现在 1955 年，高温日数达 40 天；高温日数最小的年份是 1995 年仅为 3 天。

研究期间内共有 114 次热浪事件发生，平均每年出现 1.7 次。其中，持续 4 天的热浪事件共26次,持续时间大于等于5天的热浪事件共36次,可以看出高温热浪尤其是长时间的高温热浪事件在济南市时有发生。济南市高温天气存在明显的周期性。极端最高气温较高的时期往往对应着高温日数、持续高温天气过程较多的时期。20世纪50年代中后期至60年代末期以及90年代后期至21世纪初为济南市夏季较为炎热的两个时间段,其间日最高气温值偏高且持续时间长,同时持续高温天气出现次数也较多。

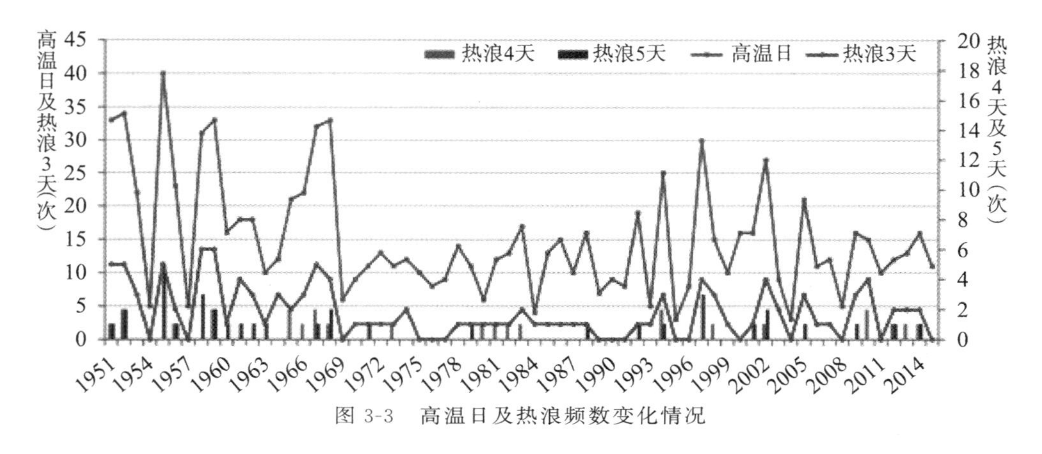

图3-3　高温日及热浪频数变化情况

第三节　气温趋势变化的讨论

本研究利用1951—2015年山东省会济南市逐日平均温度、逐日最低温度和逐日最高温度资料,通过分析最高气温、最低气温、平均气温、极端热日天数、极端冷日天数、高温日数和热浪次数的年变化趋势,发现济南市各种气温指标变化都呈不同程度的上升趋势。

就济南市而言,年平均气温自20世纪中旬至今总体上呈不断上升趋势,其中包括一个变暖加速期:20世纪90年代至21世纪初。1951—2015年,济南市平均气温增幅为0.18℃/10a,低于中国地表平均气温增幅(0.28℃/10a)。

在1951—2015年期间,济南市平均最低气温有较明显的增温趋势,增加速率为0.28℃/10a,且气温升高主要发生在最近20余年;最高气温增幅较不明显,仅为0.06℃/10a。早期的研究中发现,全国年平均最低气温上升速率为0.29℃/10a,增温趋势相比于年平均最高气温明显,这与本研究结果基本一致。Thomas对1951—1990年全球陆地表面气温进行研究,结果显示最低气温增幅高于最高温度。这说明:济南市与全国最低气温和最高气温的变化趋势甚至与全球变化趋势是一致的。

夜间气温往往较白天气温低,因此,最低气温多于夜间被记录。本研究中,最低气温增幅明显,说明济南市暖夜趋势也逐渐明显,提示最低气温变化可能受人类活动的影响。人类活动可以通过多种形式对地面气温产生影响,主要包括对土地利用的改变以及温室气体的排放和气溶胶的排放等。其中,城市热岛效应可以作为土地利用变化的局部表现形式之一。相比于最高气温,最低气温更能反映城市热岛效应对气候变化的影响。就济南市而言，近 20 年该市人口的快速增加使城市化进程加快，随之而来的是城市热岛效应加剧，这可能是济南市温度升高的一个重要因素之一，这也可以解释本研究中极端冷日天数呈逐年下降趋势的现象。

以往的研究对济南市高温热浪天气变化情况进行了描述。自 1951 年至 2005 年，济南市高温热浪天气共出现 82 次，年均 1.5 次。本研究中研究期间为 1951—2015 年，济南市高温热浪共出现 114 次，近十年平均频次为 3.2 次/年，可见 2000 年以后高温天气具有明显的增多趋势。同时，济南市高温热浪频率具有季节性伴随明显的双峰型：第 1、2 峰值分别出现在 6 月中下旬和 7 月中旬，且第 1 峰值高于第 2 峰值；5 月下旬至 6 月的高温天气主要受到大陆暖高压的控制为干热型；7～8 月的高温天气为湿热型，主要受西太平洋副热带高压或西风带脊东移的影响。

本研究显示极冷日天数呈逐年下降趋势，而极热日天数则相反。采用不同温室气体排放情景对未来全球高温热浪事件发生频率进行模拟，结果均表明热浪事件发生的频率和强度将增加，而寒冷日数则可能减少。

目前对于全国和区域气候变化的综合分析还比较少，关于不同温度指标的研究多局限于一定的范围。在气候变暖背景下，济南市气温呈现逐年升高的趋势，不断升高的气温，将对当地生态系统、自然环境、社会环境和人群健康造成明显的不利影响。因此，相关部门亟待加强对济南市气温变化机理和原因的深入研究，加强济南市乃至山东省应对高温热浪和气候变化的能力。

【本章小结】

在全球气候变暖背景下，济南市气温也呈现不断上升趋势。研究期间，济南市逐日最高气温、逐日最低气温和逐日平均气温总体上均呈上升趋势，高温日数、热浪事件发生频率增加。因此，减缓气温升高速率并采取有效应对措施刻不容缓。

第四章　高温对人群健康影响的研究

第一节　高温对人群健康影响的现状

高温对环境和人群健康的危害众所周知。预测未来全球气候变化情景下温度对健康的影响，不同地区研究得出的结论高度一致，即高温对人群健康的危害将不断加剧。许多研究已经证实高温与一系列健康结局有关。1987年希腊热浪，有1 000多人因中暑而死亡。印度继1998年2 500余人因热浪而丧生后，2002年5月又遭受凶猛的热浪袭击，造成1 200余人死亡。2006年美国加利福尼亚地区的热浪，导致额外16 166次急诊和1 182人住院。2010年的高温热浪天气导致加拿大魁北克地区居民的死亡率与1981—2005年同期相比增加了33%。不断升高的温度增加了心血管疾病、呼吸系统疾病、脑血管疾病的死亡风险，缺血性心脏病、充血性心力衰竭和心肌梗死的风险增加更为明显。研究发现，黑人、女性、有较低社会经济地位的人群、65岁以上老年人和婴幼儿是高温的敏感人群。预估到2030年和2050年，全球每年因高温死亡的人数约为90 000和25 000人。因此，当前亟待深入理解高温热浪对人群健康的影响，进而提出有针对性的公共卫生计划，以更好地应对高温热浪对人群健康带来的负面影响。

温度-死亡的关系一般为U-，V-或J-型曲线，即当温度低于或高于某一个温度阈值时，在阈值两侧随着温度的降低或升高死亡率增加。因此，明确不同死因疾病、不同死因人群死亡对应的热温度阈值具有十分重要的意义，有助于及时启动高温热浪预警系统，更加有效地保护高温热浪脆弱人群。

近年来，世界一些国家和地区已经开展了热温度阈值的研究工作。例如，澳大利亚阿德莱德地区研究显示，当夏季日最高温度阈值超过30℃时人群死亡风险明显增加。悉尼的一项研究表明，热温度阈值高于23～26℃时，人群死亡风险增加。选取中国不同气候区的武汉、重庆、广州、北京四个城市进行温度阈值和死亡率关系的研究发现，四个城市的热温度阈值不相同。然而，就目前查阅文献所得，大多数类似研究仅选用日最高气温作为热温度阈值的评价指标，缺少日平均气温和日最低气温温度阈值与健康关系的研究。就中国而言，类似的研究开展得也并不多。济南市，夏季高温炎热，素有“火炉”之称。基于济南市特殊的环境脆弱性，全面了解高温对济南市人群健康的影响，更有针对性地保护高温热敏感人群是十分必要和紧迫的。本研究通过探讨不同死因疾病（包括非意外死亡、心脑血管疾病死亡、呼吸系统疾病死亡和糖尿病死亡），在夏季高温季节的日最高气温、日平均气温、日最低气温对应的热温度阈值，定量评估温度与不同死因疾病之间的关系，通过分层分析、识别高温热浪脆弱人群（包括年龄、教育程度和性别）。这些结果将有助于更好地理解高温热浪对人群健康的影响，进而为相关领域决策制定者提供更多的有力证据来应对高温对人群健康的影响。

第二节　高温对人群健康的影响

一、研究区域

济南市位于山东省中西部，南邻泰山，北跨黄河（地理坐标，36°40′N 和 117°00′E）。济南市面积为 8 177.21 平方千米，人口为 706 万（2015 年统计数据）；地处中纬地带；属于暖温带半湿润季风气候，其特点是季风明显、四季分明，年平均温度为 13.8℃，年平均降水为 685 mm。

二、数据来源

（一）疾病数据

疾病数据由中国疾病预防控制中心提供，包括济南市 2007—2013 年非意外死亡、心脑血管疾病死亡、呼吸系统疾病死亡和糖尿病死亡共四种死因疾病的逐日死亡数据。根据国际疾病分类（International Classification of Disease, Tenth Revision, Clinical Modification, ICD-10）对死亡数据进行编码如下：非意外死亡（ICD-10：A00-R99）、心脑血管疾病死亡（ICD-10：I00-I99）、呼吸系统疾病死亡（ICD-10：J00-J99）和糖尿病死亡（ICD-10：E10-E14）。对数据按性别、年龄、教育程度进行分层，其中，年龄分为 0～64 岁和 65＋岁两个组；教育程度分为低教育水平（小学及以下）和高教育水平（初中及以上）。本研究已通过中国疾病预防控制中心伦理委员会的审核（No. 2014）。

（二）气象数据

济南市气象观测站点的气象数据来源于中国气象科学数据共享服务网（http://cdc.nmic.cn/home.do）。该网站整合了全国 752 个气象站点 65 年的气象资料，数据可靠性高。本研究中纳入的气象数据包括每日最高温度（T_{max}）、每日最低温度（T_{min}）、每日平均温度（T_{mean}）、每日相对湿度、每日平均大气压等。

三、研究设计与统计分析

（一）计算温度阈值

本研究采用观察/预期分析方法评估不同死因的温度阈值，主要步骤如下。

（1）计算每日预期死亡值：采用 31 天移动平均前后 15 天实际死亡数计算当天的预期死亡值。

（2）计算每日超额死亡数：每日死亡数与每日预期死亡数之差即为每日超额死亡数。

（3）确定温度阈值：将每日最高温、每日最低温和每日平均温这三个温度指标四舍五入取整后以 1℃间隔划分，分别计算不同温度指标下不同温度区间内平均每日超额死亡数。温度阈值即为每日超额死亡数明显增加时对应的温度。

基于研究需要，本研究只需计算夏季高温对应的温度阈值，所以，仅纳入 2007—2013 年 5 月 1 日至 9 月 30 日的数据疾病和气象数据；为明确不同亚组人群的温度阈值，分别采用观察/预期分析方法评估不同性别、年龄、教育水平分值时对应的死亡温度阈值。

（二）建立温度对死亡影响的模型

为了定量评价温度与死亡之间的关系，本研究拟将 GAM 应用到温度对不同疾病死亡影响的时间序列研究中。GAM 是广义线性模型的进一步扩展，可以将非线性关系的自变量拟合到模型中。大部分环境暴露因素与人群健康并不呈线性关系，如气温对健康的效应往往呈 U 形、某些空气污染物对健康的效应可能呈 J 形。GAM 可以很好地解决这一问题。

气象资料一般是一定时期内累积观察到的数据，这些数据有明显的时间变化趋势，属于时间序列。对于时间序列数据，需要考虑同一变量在不同时间点之间的自相关性。GAM 可以通过非参数平滑最大限度地减少时间序列间的自相关，并且能灵活地控制长期趋势、季节趋势、星期几效应、空气污染等混杂因素，从而正确评价及解释序列的效应。

本研究中，GAM 一般形式为：

$$\ln[E(Y_t)] = \alpha + \sum\nolimits_{i=1}^{q} \beta_i X_i + \sum\nolimits_{i=1}^{m} f_i(Cov_j) \quad (4\text{-}1)$$

式中：结局变量 Y_t 指第 t 天的每日死亡人数，服从总体均数为 $\overline{Y}_t$ 的 Poisson 分布；a 为截距项；X_i 为解释变量，即为温度项；β 为回归模型解释变量的系数；f 为平滑样条函数；Cov 为协变量。本研究中，X_i 解释变量温度项等于每日实际温度与阈值温度的差值；若差值小于 0，则赋值为 0。模型进一步考虑了以下混杂因素：相对湿度、平均大气压、长期趋势、星期几效应和节假日效应。星期几效应和节假日效应作为可测量的混杂因素，直接以变量参数的形式纳入模型进行拟合；其他混杂因素采用平滑函数的形式加以控制。最终，分别建立 T_{max}，T_{mean}，T_{min} 的回归模型，具体形式如下。

Model 1：$\ln[E(Y_t)] = \alpha + \beta * T_{max} + s(\text{humidity}, \text{df}) + s(\text{pressure}, \text{df}) + s(\text{time}, \text{df} * 7) + \text{as. factor}(\text{holiday}) + \text{as. factor}(\text{dow})$

Model 2：$\ln[E(Y_t)] = \alpha + \beta * T_{mean} + s(\text{humidity}, \text{df}) + s(\text{pressure}, \text{df}) + s(\text{time}, \text{df} * 7) + \text{as. factor}(\text{holiday}) + \text{as. factor}(\text{dow})$

Model 3：$\ln[E(Y_t)] = \alpha + \beta * T_{min} + s(\text{humidity}, \text{df}) + s(\text{pressure}, \text{df}) + s(\text{time}, \text{df} * 7) + \text{as. factor}(\text{holiday}) + \text{as. factor}(\text{dow})$

式中：$E(Y_t)$为第 t 天期望死亡数；a 为常数项；β 为估算的线性回归系数；T_{max} 为每日最高气温；T_{mean} 为每日平均气温；T_{min} 为每日最低气温；s 为自然立方样条函数；humidity 为相对湿度；pressure 为平均大气压；time 为长期趋势；holiday 为节假日效应；dow 为星期几效应；df 为样条平滑函数的自由度。本研究中，time、humidity、pressure 的 df 依据 Q-AIC 之和最小值进行选择，最终确定的 df 分别为 5、3、4（见表 4-1 至表 4-3）。

本研究中，每日居民死亡数为计数资料，服从 Poisson 分布。我们采用拉格朗日乘子统计量检验资料是否存在过离散。过离散会使模型参数标准误变小，参数检验假阳性率升高。因此，我们采用类泊松（quasi-Poisson）估计，通过增加一个尺度参数来控制过离散。

皮尔逊相关用来检验参数之间是否存在多重共线性。结果见表4-4，说明各变量之间共线性不明显。本研究中，温度对人群死亡影响的估计值，表述为温度每升高1℃所引起的人群死亡风险百分比的变化。温度对死亡的效应用相对危险度(RR)及其95%可信区间(Confidence interval，CI)来表示。为了进一步判断各亚组人群(不同性别、年龄、文化程度)之间的死亡危险度是否存在统计差异，我们采用公式(4-2)来计算95%CI进行判断。

$$\hat{Q}_1+\hat{Q}_2\pm 1.96\sqrt{(SE_1)^2+(SE_2)^2} \tag{4-2}$$

若95%CI包括1，说明差异无统计学意义；反之，说明差异有统计学意义。公式中的$\hat{Q}_1$和$\hat{Q}_2$指的是比较的两个分组RR值的对数值，SE_1和SE_2为相应的标准误差。

表4-1　每日最高温度下不同疾病改变长期趋势、相对湿度和大气压自由度时模型的Q-AIC

湿度的	压力的	长期趋势的df						
df	df	2	3	4	5	6	7	8
3	3	22 599.3	22 494.6	22 383.9	22 349.5	22 379.3	22 394.6	22 397.2
3	4	22 597.6	22 492.8	22 377.2	22 342.0	22 371.0	22 381.2	22 387.5
3	5	22 600.9	22 496.5	22 380.2	22 343.9	22 373.1	22 383.1	22 390.1
4	3	22 601.1	22 499.0	22 390.1	22 355.1	22 384.2	22 400.0	22 401.0
4	4	22 599.0	22 497.0	22 383.3	22 347.6	22 375.8	22 386.2	22 390.8
4	5	22 602.3	22 500.6	22 386.3	22 349.4	22 377.8	22 388.1	22 393.3
5	3	22 612.6	22 509.5	22 399.8	22 364.9	22 394.0	22 410.8	22 412.7
5	4	22 610.6	22 507.6	22 393.1	22 357.4	22 385.6	22 397.2	22 402.9
5	5	22 613.9	22 511.2	22 396.2	22 359.3	22 387.7	22 399.2	22 405.5

表4-2　每日平均温度下不同疾病改变长期趋势、相对湿度和大气压自由度时模型的Q-AIC

湿度的	压力的	长期趋势的df						
df	df	2	3	4	5	6	7	8
3	3	22 487.9	22 407.5	22 294.7	22 262.1	22 287.9	22 305.6	22 311.2
3	4	22 490.2	22 409.3	22 293.0	22 259.4	22 285.2	22 298.7	22 306.7
3	5	22 492.6	22 412.3	22 296.1	22 262.2	22 288.3	22 301.9	22 310.3
4	3	22 492.3	22 413.9	22 302.0	22 269.1	22 294.8	22 313.0	22 317.5
4	4	22 494.5	22 415.6	22 300.3	22 266.4	22 292.0	22 306.0	22 312.8
4	5	22 497.0	22 418.7	22 303.4	22 269.3	22 295.1	22 309.1	22 316.4
5	3	22 502.7	22 424.0	22 311.5	22 278.7	22 304.7	22 322.8	22 328.7
5	4	22 505.0	22 425.8	22 309.9	22 276.1	22 302.0	22 316.0	22 324.2
5	5	22 507.5	22 428.8	22 313.1	22 279.0	22 305.2	22 319.1	22 327.8

表 4-3　每日最低温度下不同疾病改变长期趋势、相对湿度和大气压自由度时模型的 Q-AIC

湿度的 df	压力的 df	长期趋势的 df						
		2	3	4	5	6	7	8
3	3	22 437.6	22 364.2	22 263.8	22 234.7	22 254.9	22 269.0	22 268.5
3	4	22 440.1	22 366.1	22 262.9	22 233.0	22 253.6	22 264.3	22 266.0
3	5	22 442.0	22 368.7	22 266.1	22 236.1	22 257.1	22 267.9	22 270.0
4	3	22 441.9	22 370.4	22 270.8	22 241.3	22 261.3	22 275.7	22 274.1
4	4	22 444.3	22 372.3	22 269.9	22 239.6	22 259.9	22 270.9	22 271.3
4	5	22 446.3	22 375.0	22 273.1	22 242.8	22 263.5	22 274.6	22 275.4
5	3	22 452.0	22 380.1	22 279.8	22 250.6	22 270.7	22 285.4	22 285.0
5	4	22 454.5	22 382.0	22 278.9	22 249.0	22 269.4	22 280.7	22 282.4
5	5	22 456.5	22 384.7	22 282.2	22 252.2	22 273.0	22 284.4	22 286.6

表 4-4　湿度、气压、最高气温、最低气温、平均气温相关性分析

	湿度	气压	最高气温	平均气温	最低气温
湿度	1				
气压	−0.054*	1			
最高气温	0.161*	−0.142*	1		
平均气温	0.213*	−0.146*	0.990*	1	
最低气温	0.295*	−0.147*	0.962*	0.987*	1

* $P<0.05$

（三）模型评价与敏感性分析

GAM 模型建立后，绘制残差散点图并评价模型拟合效果。若模型残差散点图中残差在 x 轴两侧均匀分布，说明建模得当。之后，通过检验偏自相关函数评价自相关情况。常用的检验方法有绘制残差的自相关图（ACF）和偏自相关图（PACF）。自相关图和偏自相关图展示的是不同滞后阶数模型残差的自相关或偏自相关系数；如果某阶的相关系数超出可信区间线（±0.1），则认为存在自相关现象。

本研究通过改变各参数的自由度认证模型估计值的稳定性，通过变换时间趋势自由度（2—8）、相对湿度自由度（2—8）和平均大气压自由度（2—8）来对模型进行敏感性分析。本研究采用 R3.3.1 软件中的“mgcv”“tsModel”“qcc”等软件包进行分析。

四、结果

(一)不同死因的死亡数据和气象数据的统计描述

不同死因疾病的逐日死亡情况描述见表4-5。非意外死亡、心脑血管疾病、呼吸系统疾病和糖尿病的每日平均死亡数分别为58.1、30.0、4.5和1.1。比较不同亚组的每日平均死亡数可知,男性高于女性(除糖尿病疾病),老年人高于年轻人,教育水平较低者死亡数高于高教育程度者(非意外死亡除外)。这说明不同死因疾病人口结构略有不同。

图4-1为不同气温指标、相对湿度、平均大气压的时间序列分布图。相对湿度、平均大气压、T_{max}、T_{mean}、T_{min}的每日均值分别为988.2 pHa(975.4～1004.5 pHa)、64.7%(19.0%～100.0%)、29.6℃(14.8℃～41.2℃)、24.6℃(10.9℃～35.0℃)和20.5℃(8.8℃～30.8℃)。从图4-1可看出:不同气象指标的分布均呈现明显的季节趋势,气温高时,相对湿度和气压较低;气温低时,则相反。T_{max},T_{mean},T_{min}指标的变化趋势是一致的。

表4-5　2007—2013年5月1日～9月30日济南市不同死因疾病的一般情况

		百分比(2007—2013,5月1日～9月30日)										
		最小值	1st	10th	25th	50th	75th	90th	99th	最大值	平均值	标准差
非意外死亡												
总死亡		11	15	22	30	51	87	99	119	139	58.1	30.3
年龄	0～64岁	0	4	8	11	18	27	33	40	51	19.1	9.6
	≥65	6	8	13	19	35	59	68	85	104	39.0	21.8
教育程度	低	1	3	6	10	29	55	65	76	92	43.2	34.9
	高	1	2	6	11	17	22	26	32	47	14.9	11.0
性别	女	2	4	8	12	23	38	45	55	70	25.3	14.3
	男	6	8	12	17	29	48	57	69	89	32.8	17.2
心脑血管疾病												
总死亡		1	4	7	13	26	47	56	69	91	30.0	18.9
年龄	0～64岁	0	0	2	4	7	11	14	21	26	7.7	5.0
	≥65	0	2	5	9	19	35	42	54	74	22.4	14.8
教育程度	低	0	0	2	4	17	33	39	49	64	21.4	17.0
	高	0	0	2	4	7	10	13	18	25	8.6	4.8
性别	女	0	1	3	6	12	22	28	37	49	14.4	9.8
	男	0	1	4	7	14	24	30	38	50	15.6	10.0

（续表）

		百分比（2007—2013，5月1日～9月30日）										
		最小值	1st	10th	25th	50th	75th	90th	99th	最大值	平均值	标准差
呼吸系统疾病												
总死亡		0	0	1	2	4	6	8	11	15	4.5	2.8
年龄	0～64岁	0	0	0	0	1	1	2	4	7	0.8	0.9
	≥65	0	0	1	2	3	5	7	10	12	3.7	2.5
教育程度	低	0	0	0	1	2	4	6	8	11	3.1	2.8
	高	0	0	0	0	1	2	3	5	6	1.4	1.4
性别	女	0	0	0	1	2	3	4	7	8	2.0	1.6
	男	0	0	0	1	2	4	5	8	11	2.5	1.8
糖尿病												
总死亡		0	0	0	0	1	2	3	5	7	1.1	1.2
年龄	0～64岁	0	0	0	0	0	1	1	3	4	0.4	0.6
	≥65	0	0	0	0	0	1	2	4	6	0.7	0.9
教育程度	低	0	0	0	0	0	1	2	3	4	0.6	0.8
	高	0	0	0	0	0	1	1	3	3	0.5	0.6
性别	女	0	0	0	0	0	1	2	3	5	0.6	0.8
	男	0	0	0	0	0	1	2	3	5	0.5	0.8

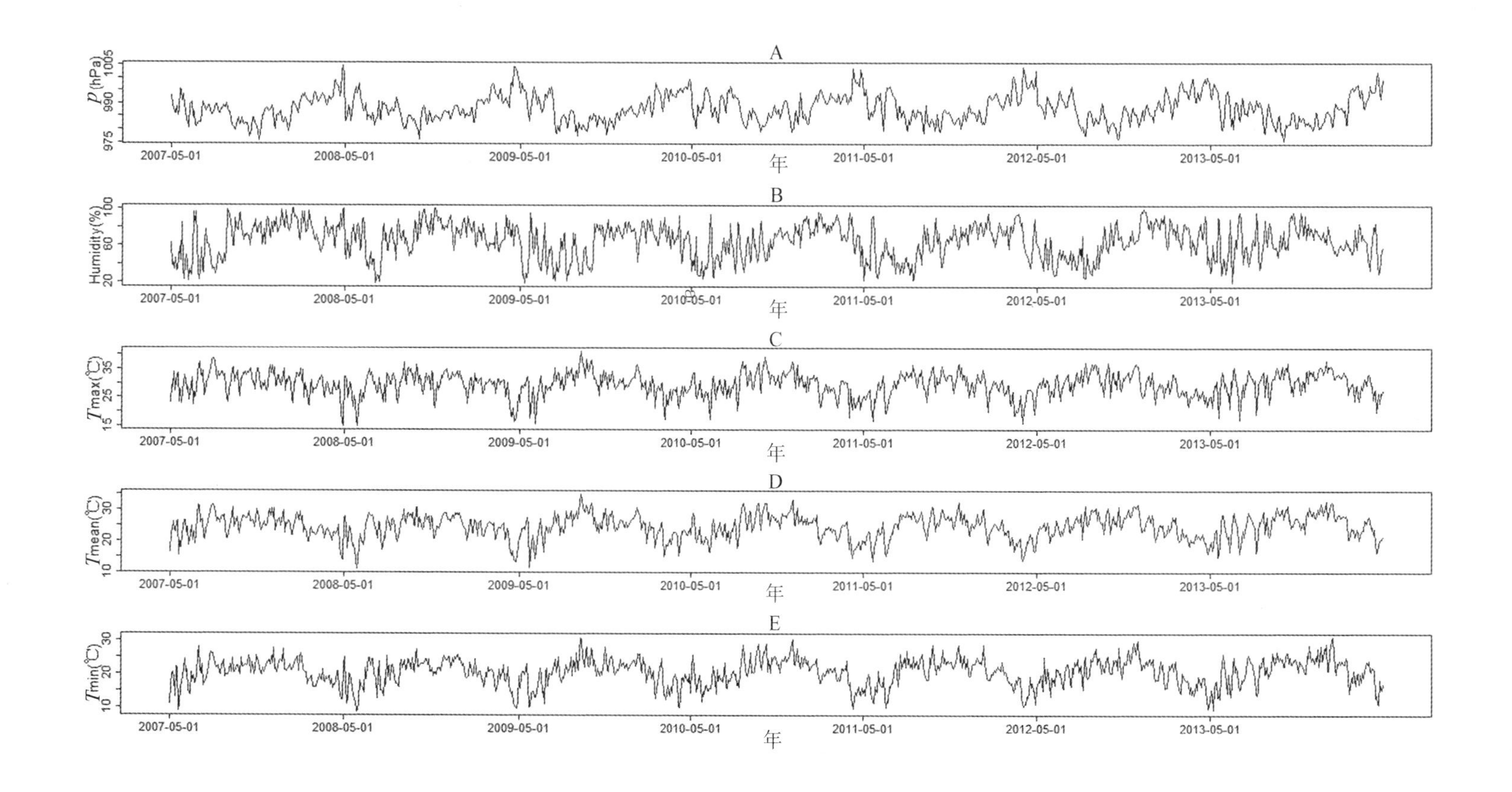

图4-1 2007—2013年5月1日—9月30日济南市大气压力(A)，相对湿度 (B)，每日最高温度(T_{max})(C)，每日平均温度(T_{mean})(D)和每日最低温度(T_{min})(E)的散点图

（二）$T_{max}/T_{mean}/T_{min}$ 下的不同死亡结局的温度阈值

图 4-2 为不同温度指标 $T_{max}/T_{mean}/T_{min}$ 下对应的四种不同死因疾病的温度阈值。图 4-2 左侧为 T_{max} 下非意外死亡（A）、心脑血管疾病（C）、呼吸系统疾病（E）和糖尿病（G）的每日平均超额死亡人数，红色柱表示阈值温度，即此温度之后超额死亡人数显著增加；右侧为 $T_{max}/T_{mean}/T_{min}$ 下，不同疾病及亚组的阈值温度。$T_{max}/T_{mean}/T_{min}$ 温度指标下，非意外死亡（B）、心脑血管疾病（D）、呼吸系统疾病（F）、糖尿病（H）对应的死亡温度阈值分别为 32℃/28℃/24℃，32℃/28℃/24℃，35℃/31℃/26℃ 和 34℃/31℃/28℃。从图 4-2 可见，同一温度指标下，同一疾病不同亚组的温度阈值不同；同一温度指标下，不同疾病对应的相同亚组温度阈值也不尽相同。

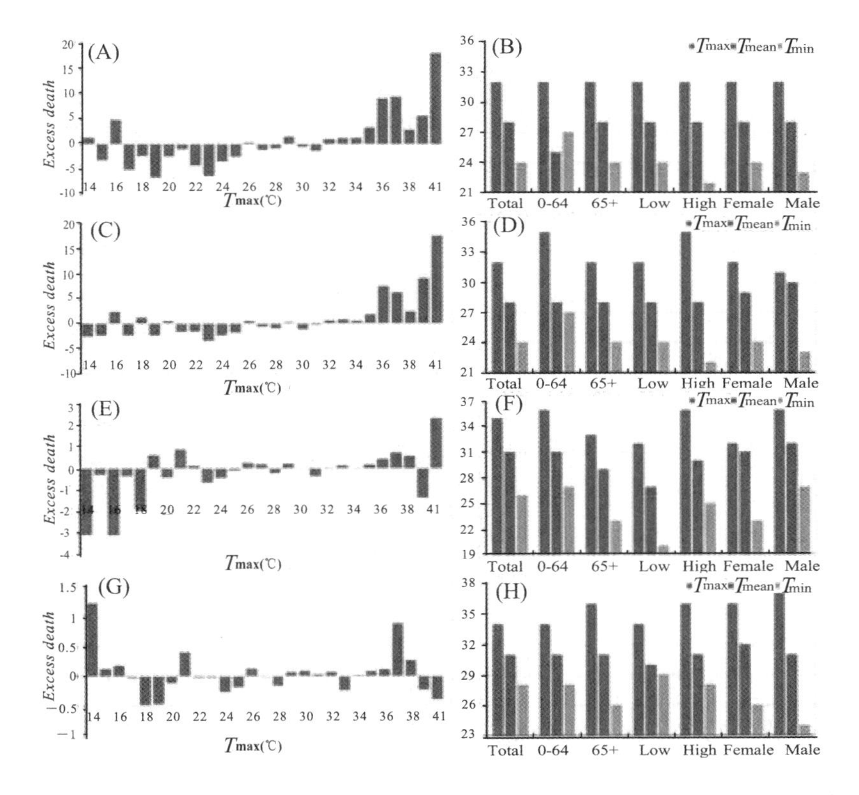

图左柱代表阈值温度。右侧分别为 $T_{max}/T_{mean}/T_{min}$ 下，各亚组人群的阈值温度

图 4-2　每日非意外伤害（A）、心脑血管疾病（C）、呼吸系统疾病（E）和糖尿病（G）每日最高温度下的超额死亡数

（三）气温对人群死亡的影响

图 4-3 表示的为不同温度指标对不同死因疾病的相对危险度。当 $T_{max}/T_{mean}/T_{min}$ 温度升高时，死亡风险也随之增加，不同疾病对应的死亡风险是有差异的。以死亡总人数为例，当 $T_{max}/T_{mean}/T_{min}$ 在阈值温度基础上每升高 1℃时，非意外死亡的死亡风险增

加 2.8%/5.3%/4.8%；心脑血管疾病的死亡风险增加 4.1%/7.2%/6.6%；呼吸系统疾病的死亡风险增加 6.6%/25.3%/14.7%；糖尿病的死亡风险增加 13.3%/30.5%/47.6%。总之，温度对不同死因疾病的效应是不同的。

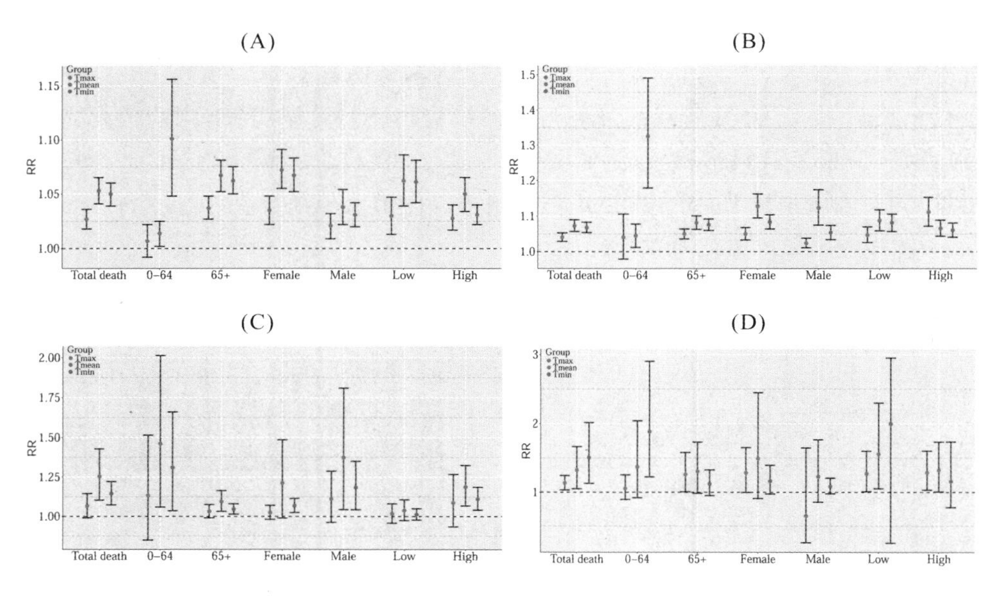

A—代表非意外死亡；B—代表心脑血管疾病；C—代表呼吸系统疾病；D—代表糖尿病

图 4-3　不同温度指标下温度每变化 1℃人群死亡的相对危险度(RR)及 95%CI

不同温度指标下，热效应均显著增加不同疾病的死亡风险。其中，女性和老年人较男性和年轻人更为脆弱。T_{min} 下热效应对糖尿病死亡的相对危险度最大(RR=1.476，95%CI：1.104，1.975)。为了使得同一种疾病下各亚组结果可比，我们进一步探讨了 T_{max} 下同一疾病及亚组采用相同温度阈值时热效应对死亡的影响(表 4-6)。非意外死亡、心脑血管疾病、呼吸系统疾病和糖尿病的最高温度的温度阈值分别为 32℃，32℃，35℃和 34℃。各亚组结果可见，温度每升高 1℃时，同一死因疾病各亚组之间死亡风险不同。以非意外死亡为例，气温每升高 1℃，年龄大于等于 65 岁人群死亡相对危险度 RR 为 1.038(95%CI：1.026，1.050)，具有统计学意义；而高温对 0～64 岁人群死亡无显著影响(RR=1.006，95%CI：0.990，1.022)。就呼吸系统疾病而言，高温可以增加教育水平较高者人群的死亡风险，对其余特征居民无显著的影响。对四种疾病各亚组内效应值进行检验，仅非意外死亡和心脑血管疾病死亡人群中年龄大于等于 65 岁者死亡风险较 0～64 岁死亡风险差异有统计学意义，其余四种疾病各亚组之间比较均未发现有统计学差异($P<0.05$)。

表 4-6 每日最高温度对人群死亡的相对危险度(RR)及 95%CI

	非意外伤害	心脑血管疾病	呼吸系统疾病	糖尿病
	RR(95%CI)	RR(95%CI)	RR(95%CI)	RR(95%CI)
总死亡	1.027(1.017,1.038)*	1.041(1.027,1.056)*	1.066(0.987,1.151)	1.133(1.030,1.245)*
年龄#				
0～64 岁	1.006#(0.990,1.022)	1.014#(0.989,1.040)	1.106(0.926,1.322)	1.052(0.884,1.253)
≥65 岁	1.038(1.026,1.050)*	1.050(1.034,1.067)*	1.058(0.974,1.149)	1.171(1.047,1.309)*
教育水平#				
低	1.031(1.017,1.045)*	1.048(1.029,1.066)*	1.047(0.926,1.183)	1.196(1.037,1.378)*
高	1.027(1.009,1.045)*	1.025(1.001,1.050)*	1.166(1.027,1.324)*	1.127(0.967,1.314)
性别#				
女	1.034(1.020,1.049)*	1.050(1.031,1.070)*	1.037(0.924,1.163)	1.183(1.044,1.341)*
男	1.020(1.009,1.035)*	1.033(1.014,1.051)*	1.087(0.985,1.199)	1.077(0.928,1.249)

* $P<0.05$，#组间比较有差异。

(四) 模型评价与敏感性分析

模型残差散点图(图 4-4)中残差在 x 轴两侧均匀分布，说明建模得当。残差的 ACF 图(图 4-5)和 PACF 图(图 4-6)显示模型残差不存在自相关。敏感性分析中，变化不同混杂因素的自由度，结果一致性较好，说明模型稳定(表 4-7 至表 4-10)。

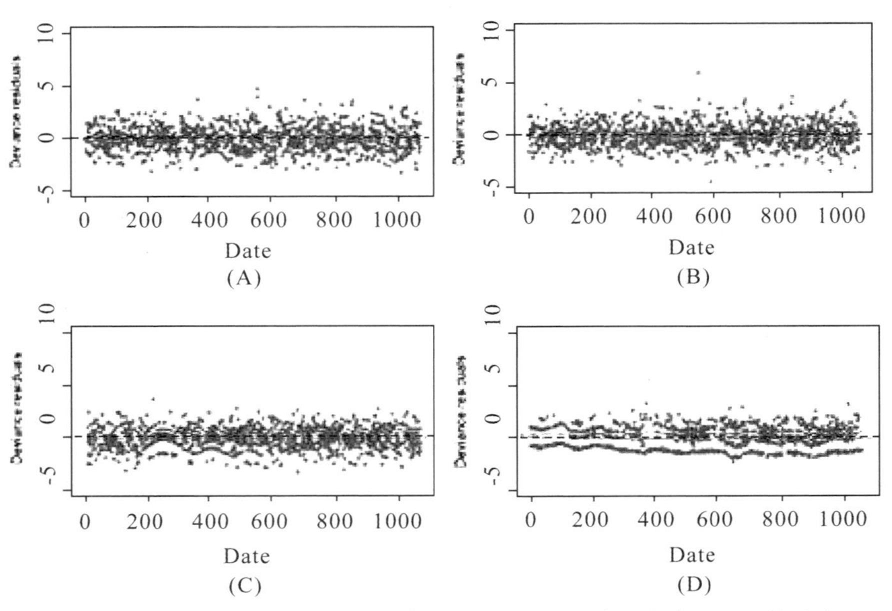

(A)—非意外死亡；(B)—心脑血管疾病；(C)—呼吸系统疾病；(D)—糖尿病

图 4-4 模型残差散点图

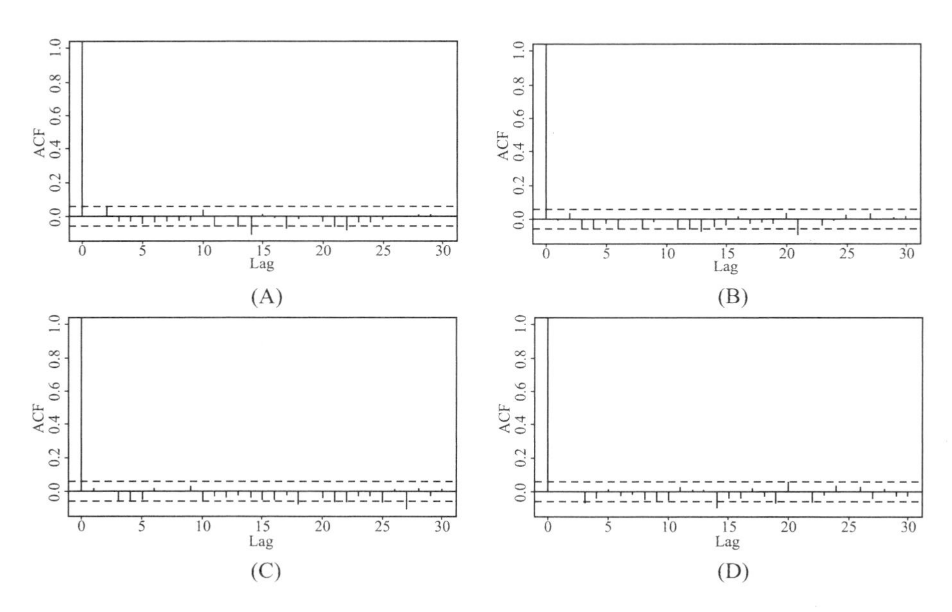

(A)—非意外死亡；(B)—心脑血管疾病；(C)—呼吸系统疾病；(D)—糖尿病

图 4-5　日最高温度与人群死亡的模型残差自相关图

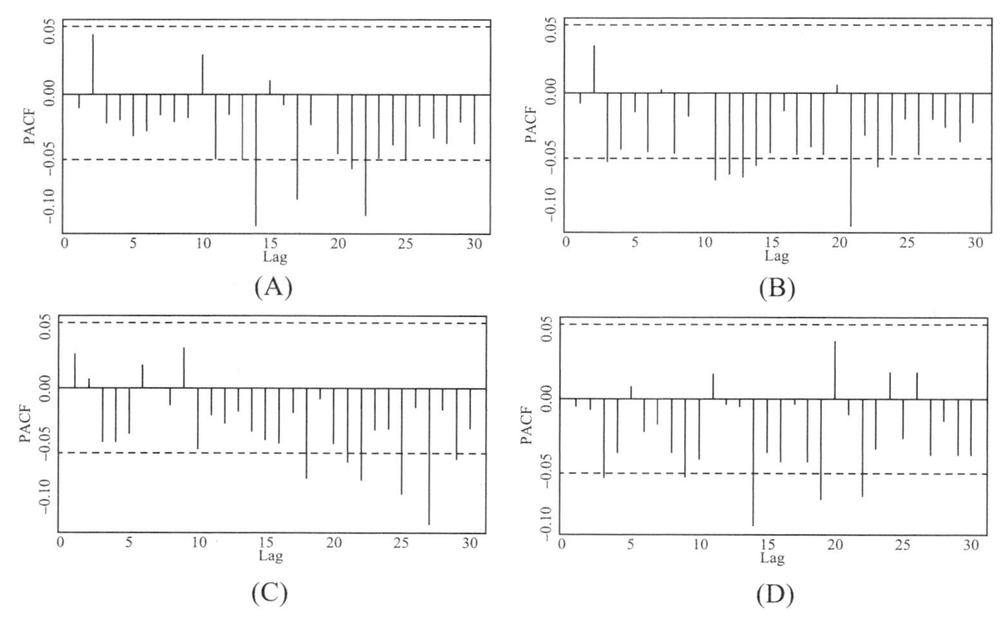

(A)—非意外死亡；(B)—心脑血管疾病；(C)—呼吸系统疾病；(D)—糖尿病

图 4-6　日最高温度与人群死亡的模型残差偏自相关图

表 4-7　$T_{max}/T_{mean}/T_{min}$ 对非意外死亡相对危险度的敏感性分析

变量			T_{max}	T_{mean}	T_{min}
总死亡	长期趋势	3	1.028(1.018,1.039)	1.053(1.039,1.068)	1.050(1.038,1.063)
		4	1.027(1.017,1.037)	1.052(1.038,1.066)	1.048(1.036,1.06)
		7	1.025(1.014,1.036)	1.050(1.036,1.065)	1.048(1.035,1.061)
	湿度	2	1.028(1.017,1.038)	1.053(1.039,1.067)	1.048(1.036,1.060)
		4	1.027(1.017,1.038)	1.052(1.038,1.067)	1.048(1.035,1.060)
		5	1.027(1.017,1.038)	1.053(1.038,1.067)	1.048(1.035,1.060)
	气压	2	1.028(1.017,1.038)	1.053(1.039,1.068)	1.049(1.036,1.061)
		3	1.028(1.017,1.038)	1.053(1.039,1.068)	1.049(1.036,1.061)
		6	1.027(1.017,1.038)	1.052(1.038,1.067)	1.048(1.035,1.060)
年龄 0～64 岁	长期趋势	3	1.007(0.991,1.022)	1.014(1.002,1.026)	1.101(1.047,1.158)
		4	1.006(0.991,1.022)	1.013(1.001,1.024)	1.096(1.041,1.153)
		7	1.007(0.991,1.024)	1.015(1.003,1.027)	1.105(1.048,1.164)
	湿度	2	1.006(0.990,1.021)	1.012(1.000,1.024)	1.089(1.035,1.147)
		4	1.006(0.991,1.022)	1.012(1.001,1.025)	1.092(1.038,1.150)
		5	1.006(0.991,1.022)	1.012(1.000,1.024)	1.093(1.038,1.151)
	气压	2	1.006(0.991,1.022)	1.012(1.000,1.024)	1.094(1.039,1.151)
		3	1.006(0.991,1.022)	1.012(1.000,1.024)	1.094(1.039,1.151)
		6	1.006(0.990,1.022)	1.012(1.000,1.024)	1.094(1.039,1.152)
高教育水平	长期趋势	3	1.063(1.033,1.093)	1.048(1.023,1.072)	1.027(1.013,1.042)
		4	1.063(1.033,1.093)	1.047(1.023,1.072)	1.026(1.012,1.040)
		7	1.053(1.023,1.084)	1.043(1.018,1.068)	1.025(1.011,1.040)
	湿度	2	1.063(1.034,1.093)	1.040(1.015,1.065)	1.023(1.009,1.037)
		4	1.065(1.035,1.095)	1.042(1.017,1.067)	1.024(1.009,1.038)
		5	1.065(1.035,1.095)	1.042(1.017,1.067)	1.023(1.009,1.038)
	气压	2	1.063(1.034,1.093)	1.041(1.017,1.066)	1.024(1.009,1.038)
		3	1.063(1.033,1.093)	1.041(1.017,1.066)	1.024(1.009,1.038)
		6	1.064(1.035,1.095)	1.041(1.017,1.066)	1.024(1.010,1.038)
女性	长期趋势	3	1.036(1.021,1.050)	1.071(1.051,1.091)	1.067(1.050,1.085)
		4	1.034(1.002,1.049)	1.069(1.050,1.089)	1.064(1.047,1.081)
		7	1.032(1.017,1.047)	1.069(1.049,1.090)	1.065(1.047,1.082)
	湿度	2	1.035(1.020,1.049)	1.069(1.050,1.090)	1.063(1.046,1.081)
		4	1.035(1.020,1.049)	1.070(1.050,1.090)	1.063(1.046,1.081)
		5	1.035(1.020,1.049)	1.069(1.050,1.090)	1.063(1.046,1.081)
	气压	2	1.035(1.020,1.050)	1.070(1.050,1.090)	1.064(1.047,1.081)
		3	1.035(1.020,1.050)	1.070(1.050,1.090)	1.064(1.047,1.081)
		6	1.035(1.020,1.049)	1.069(1.049,1.089)	1.063(1.046,1.080)

表 4-8 $T_{max}/T_{mean}/T_{min}$ 对心脑血管疾病死亡相对危险度的敏感性分析

变量			T_{max}	T_{mean}	T_{min}
总死亡	长期趋势	3	1.040(1.025,1.054)	1.071(1.051,1.091)	1.068(1.052,1.085)
		4	1.039(1.025,1.053)	1.070(1.051,1.089)	1.066(1.049,1.083)
		7	1.037(1.023,1.052)	1.068(1.048,1.088)	1.064(1.047,1.081)
	湿度	2	1.042(1.027,1.056)	1.072(1.053,1.092)	1.066(1.050,1.083)
		4	1.041(1.027,1.055)	1.071(1.052,1.091)	1.065(1.049,1.082)
		5	1.041(1.027,1.056)	1.071(1.052,1.091)	1.066(1.049,1.082)
	气压	2	1.042(1.028,1.057)	1.074(1.054,1.093)	1.068(1.051,1.084)
		3	1.042(1.028,1.056)	1.074(1.055,1.093)	1.068(1.051,1.084)
		6	1.042(1.028,1.056)	1.072(1.053,1.091)	1.065(1.049,1.082)
年龄 0～64 岁	长期趋势	3	1.040(0.976,1.109)	1.042(1.008,1.077)	1.348(1.194,1.521)
		4	1.041(0.976,1.110)	1.041(1.007,1.076)	1.334(1.181,1.508)
		7	1.041(0.974,1.112)	1.042(1.007,1.079)	1.331(1.172,1.512)
	湿度	2	1.044(0.978,1.114)	1.043(1.008,1.078)	1.314(1.161,1.486)
		4	1.044(0.978,1.115)	1.043(1.009,1.079)	1.314(1.161,1.487)
		5	1.043(0.977,1.114)	1.043(1.008,1.079)	1.313(1.159,1.486)
	气压	2	1.044(0.978,1.114)	1.046(1.011,1.081)	1.321(1.167,1.494)
		3	1.046(0.980,1.117)	1.047(1.012,1.082)	1.326(1.172,1.500)
		6	1.045(0.979,1.116)	1.044(1.010,1.080)	1.320(1.166,1.495)
高教育水平	长期趋势	3	1.042(1.023,1.061)	1.079(1.054,1.104)	1.075(1.054,1.096)
		4	1.043(1.024,1.061)	1.079(1.055,1.104)	1.073(1.053,1.094)
		7	1.044(1.026,1.063)	1.083(1.057,1.108)	1.077(1.055,1.098)
	湿度	2	1.048(1.030,1.067)	1.086(1.061,1.111)	1.076(1.056,1.097)
		4	1.048(1.029,1.067)	1.086(1.061,1.111)	1.076(1.056,1.097)
		5	1.048(1.030,1.067)	1.086(1.061,1.111)	1.076(1.056,1.097)
	气压	2	1.049(1.031,1.068)	1.087(1.063,1.113)	1.078(1.058,1.099)
		3	1.049(1.031,1.068)	1.088(1.063,1.113)	1.078(1.058,1.099)
		6	1.049(1.030,1.067)	1.086(1.061,1.111)	1.076(1.055,1.097)
女性	长期趋势	3	1.048(1.029,1.068)	1.126(1.089,1.163)	1.085(1.062,1.107)
		4	1.048(1.028,1.067)	1.123(1.087,1.160)	1.080(1.058,1.103)
		7	1.046(1.026,1.066)	1.119(1.081,1.157)	1.079(1.056,1.103)
	湿度	2	1.051(1.031,1.070)	1.124(1.088,1.162)	1.080(1.058,1.102)
		4	1.050(1.031,1.070)	1.124(1.087,1.162)	1.080(1.057,1.102)
		5	1.050(1.031,1.070)	1.123(1.086,1.160)	1.079(1.057,1.102)
	气压	2	1.051(1.032,1.071)	1.126(1.090,1.164)	1.081(1.059,1.104)
		3	1.051(1.032,1.071)	1.126(1.090,1.164)	1.081(1.059,1.104)
		6	1.051(1.032,1.071)	1.123(1.087,1.160)	1.079(1.057,1.101)

表 4-9 $T_{max}/T_{mean}/T_{min}$ 对呼吸系统疾病死亡相对危险度的敏感性分析

变量			T_{max}	T_{mean}	T_{min}
总死亡	长期趋势	3	1.092(1.014,1.176)	1.256(1.099,1.434)	1.146(1.073,1.223)
		4	1.083(1.005,1.167)	1.253(1.097,1.432)	1.143(1.070,1.221)
		7	1.065(0.986,1.150)	1.256(1.099,1.434)	1.146(1.072,1.226)
	湿度	2	1.066(0.988,1.151)	1.318(1.159,1.499)	1.148(1.074,1.227)
		4	1.065(0.986,1.150)	1.267(1.112,1.445)	1.146(1.072,1.226)
		5	1.065(0.986,1.150)	1.256(1.099,1.434)	1.146(1.072,1.226)
	气压	2	1.066(0.987,1.151)	1.255(1.099,1.434)	1.144(1.071,1.222)
		3	1.066(0.987,1.151)	1.255(1.099,1.434)	1.144(1.071,1.222)
		6	1.065(0.986,1.149)	1.254(1.097,1.432)	1.148(1.074,1.228)
年龄 0～64 岁	长期趋势	3	1.050(1.007,1.095)	1.114(1.048,1.183)	1.055(1.022,1.089)
		4	1.045(1.002,1.090)	1.108(1.043,1.178)	1.051(1.018,1.085)
		7	1.021(0.978,1.067)	1.083(1.016,1.154)	1.044(1.010,1.080)
	湿度	2	1.036(0.993,1.081)	1.100(1.034,1.170)	1.050(1.017,1.084)
		4	1.035(0.992,1.081)	1.099(1.033,1.170)	1.050(1.016,1.085)
		5	1.035(0.992,1.081)	1.099(1.033,1.170)	1.050(1.017,1.085)
	气压	2	1.036(0.992,1.081)	1.098(1.032,1.168)	1.049(1.015,1.083)
		3	1.036(0.992,1.081)	1.098(1.032,1.168)	1.049(1.015,1.083)
		6	1.035(0.992,1.080)	1.100(1.033,1.170)	1.051(1.017,1.085)
高教育水平	长期趋势	3	1.229(1.041,1.452)	1.305(1.068,1.595)	1.132(0.993,1.290)
		4	1.225(1.036,1.448)	1.291(1.054,1.582)	1.112(0.974,1.268)
		7	1.212(1.018,1.443)	1.270(1.030,1.567)	1.128(0.985,1.293)
	湿度	2	1.214(1.018,1.447)	1.297(1.054,1.596)	1.135(0.993,1.297)
		4	1.216(1.019,1.450)	1.305(1.060,1.607)	1.142(0.999,1.306)
		5	1.215(1.019,1.449)	1.306(1.061,1.608)	1.142(0.999,1.307)
	气压	2	1.210(1.016,1.440)	1.296(1.054,1.593)	1.141(0.999,1.303)
		3	1.211(1.016,1.443)	1.297(1.054,1.594)	1.141(0.999,1.303)
		6	1.212(1.017,1.445)	1.298(1.054,1.597)	1.139(0.996,1.302)
女性	长期趋势	3	1.162(1.006,1.342)	1.427(1.081,1.883)	1.227(1.078,1.398)
		4	1.144(0.988,1.325)	1.430(1.082,1.889)	1.220(1.070,1.390)
		7	1.117(0.959,1.301)	1.366(1.026,1.819)	1.193(1.041,1.367)
	湿度	2	1.112(0.956,1.294)	1.378(1.038,1.829)	1.215(1.064,1.386)
		4	1.112(0.955,1.294)	1.377(1.036,1.828)	1.215(1.064,1.387)
		5	1.112(0.956,1.295)	1.379(1.038,1.832)	1.218(1.066,1.392)
	气压	2	1.120(0.962,1.303)	1.395(1.051,1.853)	1.210(1.060,1.381)
		3	1.114(0.957,1.297)	1.384(1.043,1.838)	1.208(1.058,1.378)
		6	1.108(0.952,1.290)	1.371(1.032,1.821)	1.220(1.068,1.394)

表 4-10 $T_{max}/T_{mean}/T_{min}$ 对糖尿病死亡的敏感性分析

变量			T_{max}	T_{mean}	T_{min}
总死亡	长期趋势	3	1.125(1.027,1.233)	1.289(1.027,1.618)	1.455(1.094,1.936)
		4	1.127(1.028,1.235)	1.277(1.015,1.605)	1.440(1.080,1.921)
		7	1.118(1.016,1.231)	1.271(1.003,1.610)	1.436(1.068,1.930)
	湿度	2	1.132(1.029,1.244)	1.302(1.031,1.643)	1.473(1.101,1.969)
		4	1.138(1.035,1.251)	1.319(1.045,1.665)	1.505(1.124,2.015)
		5	1.139(1.036,1.253)	1.326(1.050,1.674)	1.524(1.137,2.044)
	气压	2	1.138(1.035,1.251)	1.315(1.043,1.657)	1.499(1.122,2.003)
		3	1.137(1.034,1.249)	1.309(1.039,1.649)	1.492(1.116,1.994)
		6	1.130(1.028,1.243)	1.294(1.023,1.637)	1.455(1.085,1.951)
年龄 0～64 岁	长期趋势	3	1.274(1.027,1.581)	1.303(0.989,1.718)	1.092(0.928,1.285)
		4	1.271(1.025,1.577)	1.294(0.980,1.708)	1.097(0.931,1.291)
		7	1.236(0.983,1.555)	1.260(0.944,1.682)	1.108(0.937,1.312)
	湿度	2	1.259(1.006,1.575)	1.290(0.974,1.708)	1.120(0.950,1.320)
		4	1.260(1.006,1.577)	1.304(0.985,1.728)	1.131(0.959,1.334)
		5	1.259(1.006,1.576)	1.305(0.985,1.729)	1.130(0.957,1.333)
	气压	2	1.267(1.014,1.584)	1.300(0.982,1.721)	1.127(0.957,1.328)
		3	1.254(1.002,1.569)	1.291(0.976,1.707)	1.124(0.954,1.324)
		6	1.253(1.000,1.570)	1.279(0.963,1.698)	1.111(0.942,1.310)
高教育水平	长期趋势	3	1.184(1.028,1.363)	1.380(0.877,2.173)	1.119(0.930,1.348)
		4	1.189(1.033,1.368)	1.361(0.865,2.141)	1.120(0.931,1.348)
		7	1.191(1.035,1.369)	1.331(0.850,2.086)	1.129(0.935,1.364)
	湿度	2	1.188(1.031,1.370)	1.321(0.845,2.064)	1.127(0.935,1.357)
		4	1.207(1.046,1.392)	1.416(0.905,2.215)	1.156(0.959,1.394)
		5	1.212(1.050,1.398)	1.471(0.937,2.310)	1.166(0.966,1.408)
	气压	2	1.203(1.044,1.385)	1.389(0.892,2.163)	1.152(0.957,1.386)
		3	1.203(1.044,1.386)	1.389(0.892,2.163)	1.151(0.956,1.386)
		6	1.197(1.037,1.381)	1.359(0.866,2.133)	1.125(0.934,1.356)
女性	长期趋势	3	0.672(0.264,1.707)	1.198(0.831,1.726)	1.073(0.968,1.190)
		4	0.659(0.258,1.688)	1.184(0.818,1.713)	1.069(0.963,1.187)
		7	0.652(0.249,1.709)	1.187(0.808,1.743)	1.084(0.971,1.211)
	湿度	2	0.654(0.254,1.681)	1.205(0.829,1.751)	1.080(0.972,1.201)
		4	0.651(0.253,1.674)	1.233(0.850,1.788)	1.089(0.979,1.212)
		5	0.642(0.248,1.664)	1.244(0.857,1.806)	1.088(0.978,1.211)
	气压	2	0.657(0.255,1.691)	1.227(0.848,1.774)	1.092(0.982,1.214)
		3	0.649(0.251,1.674)	1.221(0.846,1.763)	1.091(0.981,1.212)
		6	0.656(0.256,1.682)	1.206(0.828,1.757)	1.080(0.971,1.202)

第三节　高温对人群健康影响结果的思考

以往针对济南市的研究发现，极端高温会导致非意外死亡、循环系统疾病和心理疾病死亡率的增加；然而，利用温度阈值，探讨温度和死亡之间关系的研究却没有发现这一情况。本研究首次在济南市开展了温度阈值与死亡关系的研究，并明确了受到高温影响的脆弱人群。当每日温度超过 $T_{max}/T_{mean}/T_{min}$ 的阈值温度时，非意外死亡、心脑血管疾病、呼吸系统疾病和糖尿病的死亡风险增加，其中热效应对糖尿病人的影响最大，女性、老年人对热效应更为敏感。

本研究得到了四种不同死因疾病及其亚组人群的不同温度指标（$T_{max}/T_{mean}/T_{min}$）的温度阈值，并进一步量化了死亡结局与温度之间的关系。在 T_{min} 指标下，RR 值的可信区间范围最广，说明相对于 T_{max}/T_{mean} 指标，T_{min} 的精确性较低。然而，比较这三个温度指标的 RR 值差异并不太明显，并且变化趋势是一致的。因此，综合考虑认为在高温热浪期间，采用 $T_{max}/T_{mean}/T_{min}$ 中任一变量作为热预警的温度指标都是合适的。目前来说，大多数高温热浪健康预警系统（Heat-Health Warning Systems，HHWS）是采用日最高温度作为指示温度。本研究又从理论上证明最高温度作为预警温度的合理性。为了提高 HHWS 等相关系统的敏感性，应尝试将 T_{mean} 和 T_{min} 也整合到这一系统中，无论哪一个指标达到预警，都应及时采取相应的应对措施，力争将高温热浪带来的危害降到最低。目前，温度阈值与健康之间关系的研究正得到国内外学者越来越多的关注。大多数研究发现，不同疾病对应的温度阈值不一样，这与本研究结果一致。这可能是因为高温对不同疾病的作用机制不同。这也提示我们，HHWS 应针对不同的敏感疾病设置相对应的预警温度，以期收获最大的健康效益。对中国多个城市的一项研究发现，不同气候带地区同一疾病有不同的温度阈值，并且高温热浪脆弱人群的特点也不完全一致。这可能是由不同城市的人口结构、经济水平、地理环境、社会因素等不同引起的，体现出了温度与健康结局关系之间的复杂性。因此，在数据可获得的前提下，未来应加强更小地理尺度下高温对健康结局影响的研究，充分了解不同国家和地区、不同社会经济结构下敏感疾病和高温热浪脆弱人群的特点，这将有利于更精准、更高效地分配适应资源和开展干预项目。

为了比较温度对不同亚组人群死亡的影响，本研究中定量评估了固定 T_{max} 时非意外死亡、心脑血管疾病、呼吸系统疾病和糖尿病的死亡风险。4 种疾病中，温度对糖尿病死亡效应最强。与以往在中国四个城市中研究结果一致，T_{max} 每升高 1℃，糖尿病死亡风险增加 14.7%～29.2%。大量流行病学研究采用不同的统计模型，如病例交叉设计、分布滞后非线性模型和病例研究均发现高温可以增加糖尿病的死亡风险。这种现象我们可以从生理机制方面解释：① 高温可以损害体温调节功能，从而造成出汗异常，进而可能导致自主神经病变，而诱发糖尿病的发生或发展；② 在高温环境下，血液在皮肤和内脏器官之间再分配而改变中枢温度，可能破坏人体对葡萄糖的耐受压力，因此高温热浪期间社区工作人员需将患有慢性非传染性疾病的人群作为重点保护对象，同时社区工作人员需要在社区医生的指导和配合下，开展一系列的适应和干预措施。

流行病学研究已经相继证实，不同年龄、不同性别和不同文化水平是温度-健康关系的敏感因素。本研究同样发现济南市老年人对热效应更为敏感。老年人属于高温热浪敏感人群已有较多的研究支持。随着年龄的增长，人体各器官机能逐渐衰退，免疫力逐渐低下，导致机体调节能力降低，罹患各种疾病的可能性增大。高温环境易损坏老年人的体温调节功能和心血管系统功能，破坏中枢温度，最终导致中暑甚至热衰竭，严重危害老年人的身心健康；加之老年人群对高温热浪等天气事件防护意识淡薄，从而使其易受高温影响。随着我国经济的发展、人口老龄化、饮食结构的改变和体育锻炼的减少，慢性非传染性疾病的患病率在我国呈上升趋势。其中，65 岁及以上老年人群慢性病患病率居高不下，如心脑血管疾病患病率为 19.6%，呼吸系统疾病患病率为 6.2%，糖尿病患病率为 0.9%。随着我国老龄化的不断加剧，持续升高的温度已成为公共卫生和人类福祉的巨大威胁。

本研究还发现，高温时女性的死亡风险相对男性更高，说明高温对女性死亡的影响更大。本研究与大部分研究结果一致，均认为女性相比于男性更为脆弱。一项实验研究结果表明，体温调节和生理机制可能在性别上存在差异，使得女性较男性对热更不耐受；加之女性往往具有较低的社会和经济地位及较弱的承受压力能力，从而导致高温时女性更加敏感。此外高温时，受教育程度较低者死亡风险较高。受教育程度往往用来衡量个体的综合社会经济地位。较低的受教育程度一般代表着较微薄的收入、较差的生活和工作环境、较低的医疗保障、较差的健康状况和较低的舒适水平和保护意识。因此，低教育水平人群的环境适应能力就较弱。

【本章小结】

本研究首次在济南市开展了温度阈值与死亡关系的研究，明确了高温对人群健康的影响及高温热浪脆弱人群。当每日温度超过阈值温度时，非意外死亡、心脑血管疾病、呼吸系统疾病和糖尿病的死亡风险均增加且对女性和老年人的影响更为显著。这提示我们面对济南气温快速升高的趋势，当前应积极推动节能减排，减少温室气体排放，并制定和完善保护人群健康的公共卫生干预政策，实施相关的干预项目，以减少高温热浪等极端天气带来的健康危害。

第五章　极端温度对人群健康影响的归因风险研究

第一节　不同温度对人群健康影响的现状

在气候变化背景下，气候变暖导致的极端天气事件（如热浪及强降水）对全球卫生造成的威胁是全方位、多尺度、多层次的，对人类健康将造成很大的影响。据 WHO 估计，自 20 世纪 70 年代以来，150 000 例居民死亡与气候变化相关；若不加以控制，未来的死亡人数将会不断增加。

气温过高或过低都会对人群健康带来不良影响，引起患者发病率或死亡率增加。然而，相关文献显示，大多数类似研究主要采用比值方法分析气温与健康结局的关系，极少数提供了超额死亡风险等方面的证据。归因风险评估依据暴露与结局的关系，结合暴露人群数量和暴露水平，能够量化暴露因素导致的人群归因风险，从公共卫生角度反映疾病整体负担。目前，仅有少数发达国家的研究采用这一指标探讨归因于气温的死亡风险。本研究基于 Gasparrini 等人提出的 DLNM 模型的归因风险，定量评估济南市慢性非传染性疾病死亡（包括非意外死亡、心血管疾病死亡和呼吸系统疾病死亡）人群归因于气温的死亡风险，通过分层分析识别高温热浪脆弱人群（包括年龄、教育程度和性别），为疾病预防提供依据。

第二节　温度对人群健康的归因风险研究

一、资料与方法

（一）研究区域

济南，山东省会城市，南依泰山，北跨黄河；地处中纬地带，属于暖温带半湿润季风气候。（具体气候描述见第四章第二节中研究区域描述。）

（二）数据来源

1. 疾病数据

2007—2013 年济南市不同疾病的死亡数据由中国疾病预防控制中心提供。死亡数据 ICD-10 进行编码：非意外死亡（A00-R99）、心血管疾病死亡（I00-I99）和呼吸系统疾病死亡(J00-J99)。对数据按性别、年龄、教育程度进行分层;其中,年龄分为≤64岁、65～74岁和≥75岁3个组,教育程度分为低教育水平(小学及以下)和高教育水平(初中及以上)2个组。本研究已通过中国疾病预防控制中心伦理委员会审核(编号:201214)。

2. 气象数据

济南市气象观测站点的气象数据来源于中国气象科学数据共享服务网(http://cdc.nmic.cn/home.do)。该网站整合了全国752个气象站点65年的气象资料,数据可靠性高。本研究中纳入的气象数据包括每日最高温度 T_{max}、每日最低温度 T_{min}、每日平均温度 T_{mean}、每日相对湿度、每日平均大气压等。

(三) 研究设计与统计分析

1. DLNM

DLNM的核心算法思想是交叉基,可以同时拟合暴露-反应的非线性关系及暴露因素的滞后效应(暴露-滞后-反应关系)。本研究中暴露-反应维度和暴露-滞后维度均采用自然立方样条函数进行拟合,前者以温度第10、75、90百分位数作为节点,后者将滞后天数对数转换后均匀分布的3个点作为节点。同时,考虑到低温效应可能持续数天,高温的效应急促但可能存在收获效应,因此将气温的最大滞后天数设定为21天。另外,为了得到归因风险评估的基线水平,需要将每个滞后时间的滞后效应贡献相加,累积效应最低时对应的暴露水平即为基线水平。

2. 归因风险评估

人群归因分值(Attributable Fraction, AF)是归因风险评估的基础指标,表示暴露危险因素对人群健康结局(发病或死亡)作用大小的统计指标,即消除危险因素后人群该病的健康结局减少的百分比。由AF和健康结局的总人口可计算出归因总人数(Attributable Number, AN)。通常暴露危险因素的强度不是持续稳定的,根据暴露水平分别计算相对于基线暴露水平的人群风险,最后将风险累加即可估算人群AF,修正公式如下。

$$\mathrm{AF}=\frac{\sum(RR_i-1)}{\sum(RR_i-1)+1}=1-\exp(-\sum_{i=1}^{p}\beta_{xi}) \tag{5-1}$$

式中:RR_i 为各暴露水平下与基线水平相比的危险度;β_{xi} 为暴露水平时的效应量。

“后向视角”与“前向视角”两种情景可以用来推算 t 时间的累积滞后风险。“后向视角”认为累积风险为第 t 天前一段时间($t-l_0,\cdots,t-L$)暴露效应的累积,而“前向视角”的累积风险则为第 t 天未来一段时间($t+l_0,\cdots,t+L$)暴露效应风险的累积。结合DLNM模型的原理,两种方法计算的归因分值($\mathrm{AF}_{x,t}$)和归因人数($\mathrm{AN}_{x,t}$)的计算公式如下。

后向视角：$b\_AF_{x,t}=1-\exp(-\sum_{l=l_0}^{L}\beta_{x-t,l})$；$b\_AN_{x,t}=b\_AF_{x,t}n_t$ (5-2)

前向视角：$f\_AF_{x,t}=1-\exp(-\sum_{l=l_0}^{L}\beta_{x,l})$；$f\_AN_{x,t}=f\_AF_{x,t}\sum_{l=l_0}^{L}\frac{n_{t+l}}{L-l_0+1}$

(5-3)

以上两种计算累积归因风险的方法皆有优劣，但结果相差不大。本研究采用"前向视角"法计算结果。

最适宜温度(Minimum Mortality Temperature, MMT)或 MMT 所在的百分位数(Minimum Mortality Percentile, MMP)指最小人群死亡风险对应的温度或百分比。本研究将 MMT(MMP)作为参考值分别估算低温、高温以及二者总效应即气温对人群死亡的风险。高温或低温的人群死亡归因风险分别为高于或低于 MMT 时暴露导致的死亡归因风险。

3. 模型的稳定性评价

本研究通过改变模型中各参数的自由度评价模型的稳定性，如改变 DLNM 模型交叉基矩阵中气温节点位置，变换时间趋势自由度(6-10)、平均大气压自由度(4-6)、相对湿度自由度(4-6)和最大滞后时间来对模型进行敏感性分析。

本研究通过 R 软件(版本 3.3.1)中"dlnm""mgcv"等软件包来完成所有分析，显著性水平设定为 $a<0.05$。

二、评价结果

(一) 疾病和天气变量的统计描述

由济南市不同死因疾病的逐日总死亡人数及各亚组人群逐日死亡人数分析(表 5-1)可见，非意外死亡、心血管疾病及呼吸系统疾病的每日平均死亡人数分别为 65.6、35.7 及 5.6，其中心血管疾病死亡人数占非意外死亡总人数一半以上。另外，男性逐日平均死亡人数均高于女性；大于等于 75 岁人群的平均每日死亡人数高于其他年龄组；低教育水平者死亡数高于高教育水平者(非意外死亡除外)。这说明不同死因的人口结构不同。

平均大气压、相对湿度、T_{max}、T_{mean}、T_{min} 对应的日均值分别为 996.2 hPa(975.7～1021.8 hPa)、56.1%(13.0%～100.0%)、19.6℃(−6.1℃～41.2℃)、14.60℃(−10.0℃～35.0℃)和 10.6℃(−13.4℃～30.8℃)，见图 5-1。不同气象因素指标呈现明显的季节分布趋势：高温时气压较低，而低温时气压较高；T_{max}、T_{mean}、T_{min} 指标的变化趋势一致。

表 5-1　济南市 2007—2013 年慢性非传染性疾病人群逐日死亡数(n)

死因	MMT (℃)	MMP (%)	归因风险(%,95%CI)		
			气温	低温	高温
非意外死亡					
总人数			13.2(9.6～16.8)	10.5(7.1～13.7)	2.7(−0.6～5.9)
年龄(岁)	17.1	52.3			
≤64	28.5	93.4	13.7(−6.7～29.0)	13.2(−4.2～28.9)	0.5(−0.1～1.0)
65～74	11.1	38.8	10.6(−2.0～19.2)	4.8(−0.6～9.4)	5.7(−4.9～14.3)
≥75	20.7	62.3	17.3(11.6～22.1)	14.5(7.5～20.0)	2.8(0.2～5.0)
教育水平					
低	22.6	69.0	12.9(4.4～19.5)	11.7(3.3～18.5)	1.2(−0.7～2.8)
高	12.9	42.7	19.6(11.6～26.0)	9.6(5.8～13.1)	9.9(2.1～6.3)
性别					
女	20.3	60.6	13.0(6.9～18.1)	11.1(4.8 ～17.4)	1.9(−0.8～4.7)
男	15.7	48.5	14.0(9.3～18.3)	10.4(6.5～13.8)	3.5(−1.2～8.2)
心血管疾病死亡					
总人数			15.9(2.3～25.2)	10.9(1.8～18.0)	5.0(−6.8～13.7)
年龄(岁)	18.5	93.9	20.0(13.2～25.4)	16.3(8.7～22.7)	3.6(0.6～6.5)
≤64	28.5	93.9	22.7(−6.1～43.1)	22.1(−7.2～41.2)	0.6(−0.3～1.2)
65～74	14.8	46.4	15.9(2.3～25.2)	10.9(1.8～18.0)	5.0(−6.8～13.7)
≥75	20.3	60.6	20.0(13.2～25.4)	16.3(8.7～22.7)	3.6(0.6～6.5)
教育水平					
低	22.1	67.4	15.3(6.3～22.6)	112.9(2.4～21.3)	2.4(0.2～4.4)
高	14.8	46.4	22.7(13.3～29.8)	15.4(9.7～20.0)	7.3(−3.0～14.9)
性别					
女	24.4	76.6	18.6(2.6～31.1)	15.7(1.4～28.3)	2.9(1.0～4.6)
男	16.1	49.3	20.0(14.0～24.9)	15.4(10.7～19.9)	4.5(−1.4～9.6)
呼吸系统疾病死亡					
总人数					
年龄(岁)	28.1	92.5	44.2(9.4～64.5)	42.9(9.7～62.2)	1.3(0.6～1.8)
≤64	10.6	37.6	42.5(18.2～53.3)	16.9(3.7～24.1)	25.6(−1.2～36.4)
65～74	29.5	96.2	60.3(−7.2～82.8)	59.6(−6.7～80.2)	0.7(−2.5～1.5)
≥75	25.3	80.3	35.3(7.7～51.6)	33.4(3.3～49.5)	1.9(−1.8～4.5)
教育水平					
低	28.5	93.9	44.2(9.4～64.5)	42.9(9.7～62.2)	1.3(0.6～1.8)
高	12.5	41.7	31.3(−0.6～44.2)	14.7(1.5～23.4)	16.6(−9.6～29.8)
性别					
女	28.1	92.5	33.4(−5.3～60.7)	31.9(−4.6～57.7)	1.5(0.4～2.1)
男	18.4	55.6	26.0(13.8～33.9)	23.6(8.1～33.5)	2.4(−9.7～10.8)

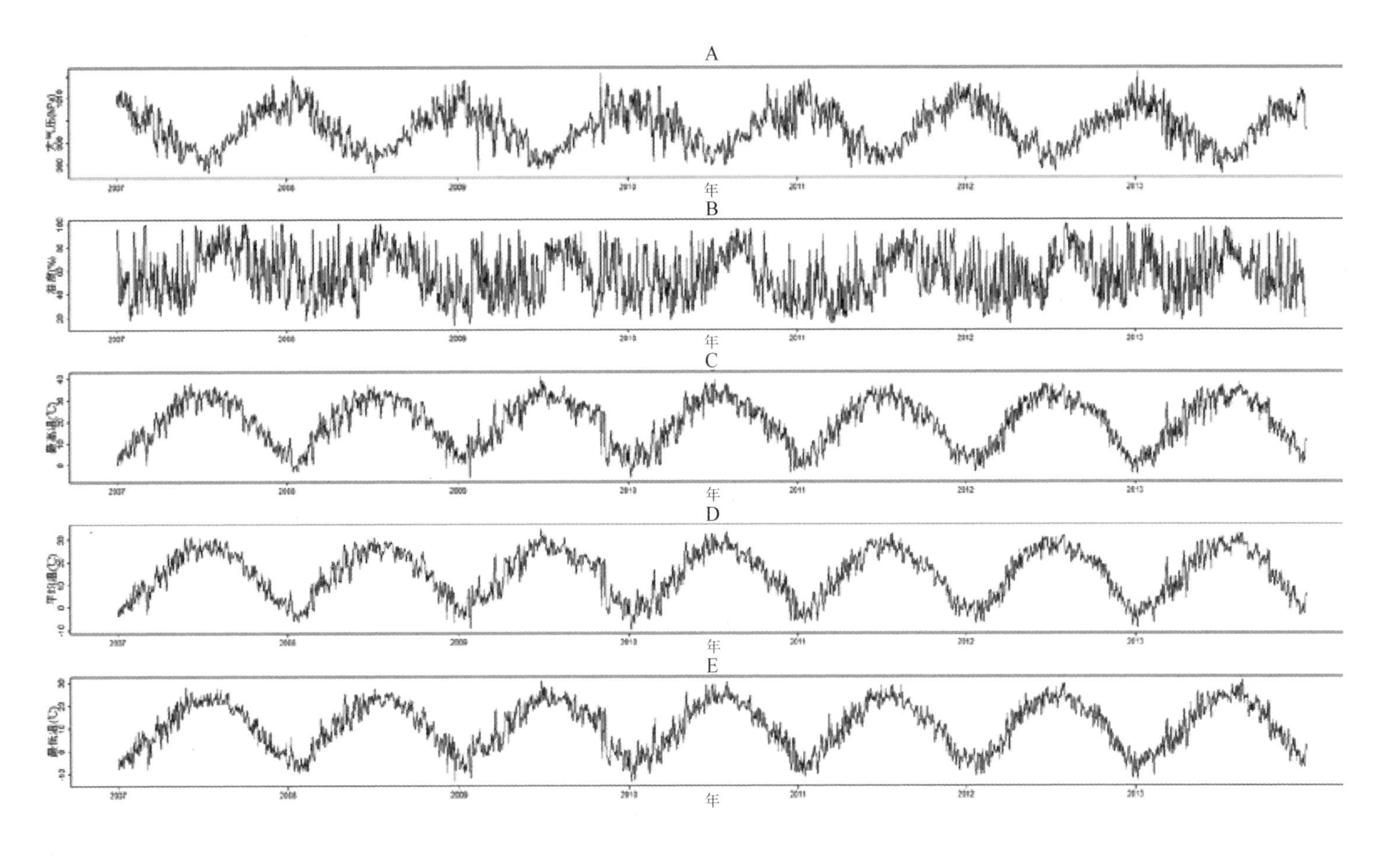

图5-1 2007—2013年济南市大气气压（A）相对湿度（B）T_{max}（C）T_{mean}（D）和T_{min}（E）的散点

（二）气温与不同死因疾病死亡的暴露——滞后反应关系

由表5-2可见，不同死因疾病各组人群MMP主要集中在平均温度第65百分位数，上下限区间为第37至第96百分位数。从整体上看，不同温度对不同死因疾病的风险贡献不同，低温导致了绝大部分归因风险。

由气温对不同亚组人群死亡归因人数结果（表5-3）可见，不同气温指标对不同性别的影响趋势相同，低温对女性影响更大。气温对非意外死亡女性和男性造成的归因死亡人数分别为9 589（95%CI：5 494～13 119）和13 060（95%CI：8 386～16 817）。从非意外死亡总体上看，低温对老年人和教育水平较低者影响较大，而高温对教育水平高者影响大。

非意外总死亡、心血管疾病总死亡以及呼吸系统疾病总死亡与气温呈现的累积暴露——反应曲线呈现U形（图5-2），气温与总死亡的关联有统计学意义（$P<0.05$）。非意外总死亡和心血管疾病总死亡的MMT位于第55百分位数附近，气温频数分布也显示每日平均温度多邻近MMT。将MMT作为参考温度，气温第2.5百分位数和第97.5百分位数累积0～21天的RR值对应于非意外死亡、心血管疾病死亡和呼吸系统疾病死亡分别为1.89（95%CI：1.63～2.19）&1.27（95%CI：1.10～1.46），2.18（95%CI：1.78～2.68）&1.41（95%CI：1.18～1.69）以及3.08（95%CI：1.59～5.96）&1.25（95%CI：1.04～1.49）。

表5-2　气温对济南慢性非传染性疾病人群死亡归因风险

死因	MMT（℃）	MMP（%）	归因风险（%，95%CI）		
			气温	低温	高温
非意外死亡					
总人数	17.1	52.3	13.2(9.6～16.8)	10.5(7.1～13.7)	2.7(−0.6～5.9)
年龄（岁）					
≤64	28.5	93.4	13.7(−6.7～29.0)	13.2(−4.2～28.9)	0.5(−0.1～1.0)
65～74	11.1	38.8	10.6(−2.0～19.2)	4.8(−0.6～9.4)	5.7(−4.9～14.3)
≥75	20.7	62.3	17.3(11.6～22.1)	14.5(7.5～20.0)	2.8(0.2～5.0)
教育水平					
低	22.6	69.0	12.9(4.4～19.5)	11.7(3.3～18.5)	1.2(−0.7～2.8)
高	12.9	42.7	19.6(11.6～26.0)	9.6(5.8～13.1)	9.9(2.1～6.3)
性别					
女	20.3	60.6	13.0(6.9～18.1)	11.1(4.8～17.4)	1.9(−0.8～4.7)
男	15.7	48.5	14.0(9.3～18.3)	10.4(6.5～13.8)	3.5(−1.2～8.2)

（续表）

死因	MMT（℃）	MMP（%）	归因风险（%，95%CI）		
			气温	低温	高温
心血管疾病死亡					
总人数	18.5	55.6	17.0(12.6～20.8)	14.0(8.9～18.5)	2.9(−0.7～6.1)
年龄（岁）					
≤64	28.5	93.9	22.7(−6.1～43.1)	22.1(−7.2～41.2)	0.6(−0.3～1.2)
65～74	14.8	46.4	15.9(2.3～25.2)	10.9(1.8～18.0)	5.0(−6.8～13.7)
≥75	20.3	60.6	20.0(13.2～25.4)	16.3(8.7～22.7)	3.6(0.6～6.5)
教育水平					
低	22.1	67.4	15.3(6.3～22.6)	112.9(2.4～21.3)	2.4(0.2～4.4)
高	14.8	46.4	22.7(13.3～29.8)	15.4(9.7～20.0)	7.3(−3.0～14.9)
性别					
女	24.4	76.6	18.6(2.6～31.1)	15.7(1.4～28.3)	2.9(1.0～4.6)
男	16.1	49.3	20.0(14.0～24.9)	15.4(10.7～19.9)	4.5(−1.4～9.6)
呼吸系统疾病死亡					
总人数	28.1	92.5	27.8(−2.5～50.0)	26.7(−0.2～48.6)	1.1(0.2～1.6)
年龄（岁）					
≤64	10.6	37.6	42.5(18.2～53.3)	16.9(3.7～24.1)	25.6(−1.2～36.4)
65～74	29.5	96.2	60.3(−7.2～82.8)	59.6(−6.7～80.2)	0.7(−2.5～1.5)
≥75	25.3	80.3	35.3(7.7～51.6)	33.4(3.3～49.5)	1.9(−1.8～4.5)
教育水平					
低	28.5	93.9	44.2(9.4～64.5)	42.9(9.7～62.2)	1.3(0.6～1.8)
高	12.5	41.7	31.3(−0.6～44.2)	14.7(1.5～23.4)	16.6(−9.6～29.8)
性别					
女	28.1	92.5	33.4(−5.3～60.7)	31.9(−4.6～57.7)	1.5(0.4～2.1)
男	18.4	55.6	26.0(13.8～33.9)	23.6(8.1～33.5)	2.4(−9.7～10.8)

表 5-3　气温对济南慢性非传染性疾病人群死亡归因人数

死因	归因风险(%,95%CI)		
	气温	低温	高温
非意外死亡			
总人数			
年龄(岁)	22 014(15 793～27396)	17 512(11 610～22 899)	4 501(－1 205～9 483)
≤64	7 097(－3 374～14 865)	6 827(－3 056～14 145)	270(－58～492)
65～74	3 374(－374～6 051)	1 535(－198～3 075)	1 839(－1465～4513)
≥75	14 415(9 001～18 375)	12 096(6 512～17 012)	2 318(361～4 065)
教育水平			
低	15 702(5 956～23 958)	14 259(3 432～23 345)	1 443(－755～3 415)
高	8 837(5 093～11 766)	4 345(2 450～5 914)	4 492(890～7 554)
性别			
女	9 589(5 494～13 119)	8 153(2 998～12 559)	1 436(－797～3 355)
男	13 060(8 386～16 817)	9 743(6 132～12 891)	3 317(－1 366～7 129)
心血管疾病死亡			
总人数			
年龄(岁)	15 397(11 318～18 968)	12 733(8 167～16 872)	2 664(－786～514)
≤640－64	4979(－1591～9343)	4 838(－1 738～9 236)	141(－39～271)
65～7 465－74	2 588(613～4 011)	1 776(218～2 881)	811(－1 062～2 194)
≥7 575＋	10 497(7 020～13 335)	8 574(4600～11 950)	1 923(357～3 246)
教育水平			
低	10 589(4 051～15 942)	8 894(1 690～14 537)	1 694(114～3 104)
高	4 914(2 890～6 582)	3 229(2 125～4 299)	1 584(－636～3 207)
性别			
女	8 091(1 382～13 141)	6 833(－75～12 003)	1 257(483～1 952)
男	9 443(6 374～11 963)	7 297(5 037～9 284)	2 146(－739～4 417)
呼吸系统疾病死亡			
总人数			
年龄(岁)	3 984(－1 366～6 996)	3 828(－1 465～7 231)	156(38～232)
≤640－64	1 037(417～1 320)	412(84～601)	624(－159～879)
65～7 465－74	1 334(－285～1 855)	1 319(－446～1 787)	15(－63～33)
≥75	3 426(705～5 050)	3 239(466～4 921)	187(－179～432)
教育水平			
低	4 930(435～7 104)	4 779(770～6 967)	150(65～206)
高	1 003(47～1 421)	471(29～753)	532(－288～950)
性别			
女	2 191(－1 580～4 072)	2 092(－1 371～3 859)	98(33～137)
男	2 031(1 022～2 667)	1 839(610～2 606)	192(－800～833)

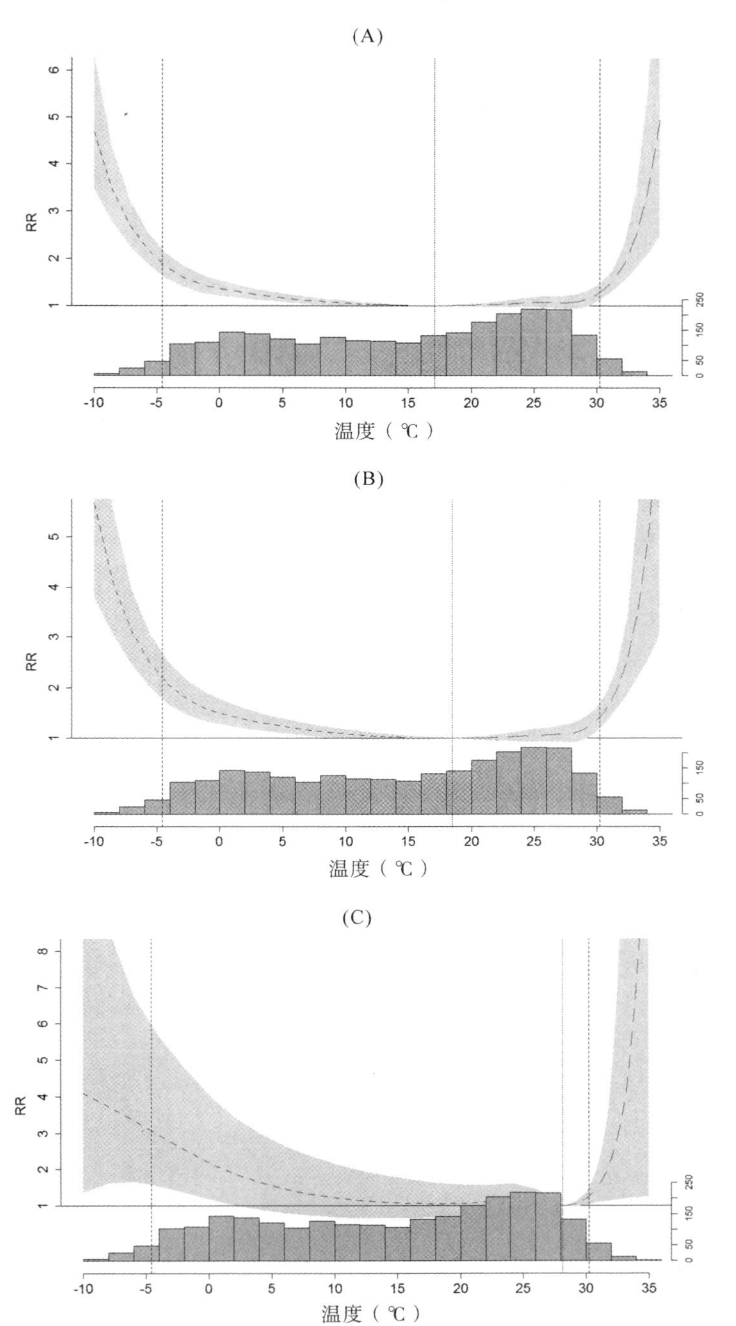

(A)—非意外死亡;(B)—心血管疾病死亡;(C)—呼吸系统疾病死亡。----表示低温;— — —表示高温;中间虚竖线表示最适宜温度;两边虚线表示温度分布的95%范围界;直方图表示温度的频数分布

图 5-2 气温与济南市慢性非传染性疾病人群死亡累积 0~21 天的关系图

由气温-滞后-效应的分布(图 5-3)可见,高温对 3 种死因人群健康的影响往往较急

促，持续时间短，一般局限在5天之内；低温的健康效应出现比较晚，存在滞后，通常在2～5天达到最大，但持续时间可长达10天以上。其中，高温对呼吸系统疾病死亡的影响在6天后出现收获效应。

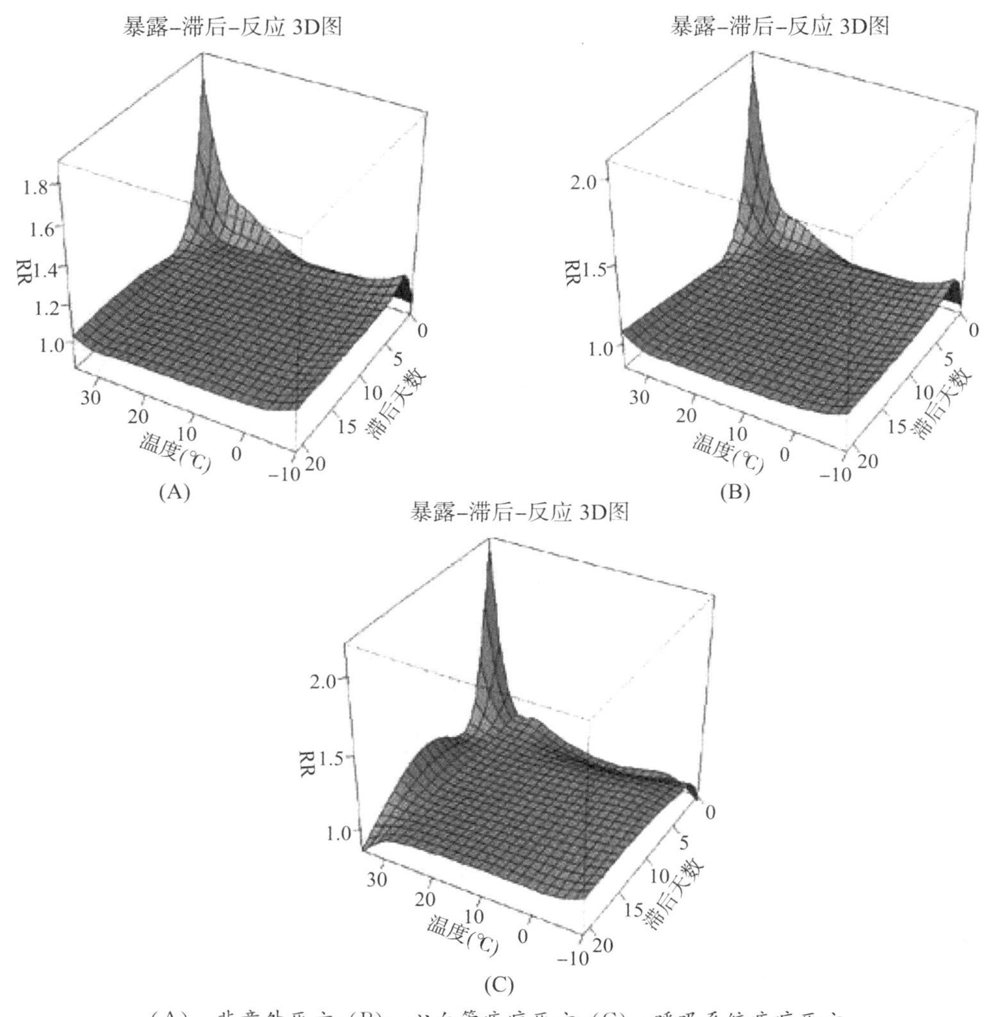

(A)—非意外死亡；(B)—心血管疾病死亡；(C)—呼吸系统疾病死亡

图5-3　气温-滞后-效应的分布图

（三）敏感性分析

调整DLNM模型交叉基矩阵中气温分布的节点位置、时间趋势自由度、相对湿度自由度、平均大气压的自由度及最大滞后时间，研究结果均无明显变化（表5-4），对其他各亚组进行敏感性分析，结果一致。

表 5-4　气温对济南慢性非传染性疾病人群总死亡归因风险的敏感性分析

模型参数选择	归因风险(%,95%CI)		
	气温	低温	高温
非意外死亡			
气温分布			
10th,50th,75th	12.8(10.7～14.9)	1.7(－0.9～4.0)	11.1(8.5～13.4)
节点位置			
25th,75th,90th	14.2(12.5～15.7)	2.8(0.7～4.9)	11.3(8.8～13.7)
10th,50th,90th	13.7(11.8～15.5)	2.3(0.1～4.3)	11.3(8.8～13.8)
10th,25th,75th,90th	13.8(12.0～15.5)	2.7(0.3～4.8)	11.1(8.5～13.5)
最大滞后天数(天)			
14	11.7(8.6～14.8)	5.0(2.8～7.2)	6.7(3.6～9.6)
28	16.0(11.7～20.0)	2.9(－1.4～6.6)	13.1(9.1～16.5)
长期趋势			
Df＝6	14.6(11.5～17.7)	4.4(1.7～6.7)	10.3(6.9～13.2)
Df＝9	8.6(4.1～12.4)	1.3(－2.4～4.6)	7.2(2.9～11.4)
相对湿度			
Df＝4	13.2(9.5～16.5)	2.7(－0.3～5.5)	10.5(6.9～13.4)
Df＝6	13.2(9.5～16.5)	2.6(－0.3～5.7)	10.5(7.0～13.7)
大气压			
Df＝4	13.1(9.7～16.3)	2.5(－1.0～5.5)	10.5(7.1～13.8)
Df＝6	13.0(9.2～16.2)	2.4(－0.9～5.3)	10.5(6.9～14.0)
心血管疾病死亡			
气温分布			
10th,50th,75th	13.6(103.0～16.4)	1.0(－1.4～3.4)	12.5(8.4～16.2)
节点位置			
25th,75th,90th	16.0(13.4～18.2)	2.8(0.5～4.9)	13.2(9.3～17.1)
10th,50th,90th	15.0(12.1～17.6)	1.9(－0.7～4.0)	13.0(9.1～16.7)
10th,25th,75th,90th	15.6(12.6～18.4)	26.0(0.1～5.0)	13.0(8.8～16.5)
最大滞后天数(天)			
14	13.6(9.3～17.5)	3.9(1.5～6.0)	9.7(4.4～13.8)
28	19.8(14.0～24.1)	4.5(0.3～8.4)	15.2(8.9～20.4)
长期趋势			
Df＝6	18.4(13.8～22.1)	5.0(2.2～7.6)	13.4(8.8～17.4)
Df＝9	12.2(6.1～17.1)	1.9(－1.9～5.2)	10.3(3.0～16.3)
相对湿度			
Df＝4	17.0(12.4～20.8)	2.9(－0.3～6.1)	14.1(8.6～18.7)
Df＝6	17.1(12.6～20.9)	2.8(－0.6～5.7)	14.2(9.3～18.6)

（续表）

模型参数选择	归因风险（%，95%CI）		
	气温	低温	高温
大气压			
Df=4	16.9(12.4～20.5)	2.6(－0.8～5.8)	14.2(9.4～19.0)
Df=6	16.7(12.7～20.7)	2.6(－1.0～5.7)	14.2(8.8～18.7)
呼吸系统疾病死亡			
气温分布			
10th,50th,75th	18.0(－6.7～36.1)	0.9(0.2～1.4)	17.0(－7.1～35.1)
节点位置			
25th,75th,90th	28.9(1.4～47.9)	1.1(0.4～1.6)	27.7(－1.4～45.5)
10th,50th,90th	26.4(－0.1～43.3)	1.1(0.5～1.7)	25.2(－1.2～43.7)
10th,25th,75th,90th	25.7(0.0～45.3)	1.2(0.4～1.7)	24.5(－3.4～44.0)
最大滞后天数（天）			
14	3.1(－35.7～29.0)	1.4(0.9～1.8)	1.7(－32.3～25.7)
28	33.4(－10.8～58.1)	1.0(－0.1～1.7)	32.4(－13.4～57.7)
长期趋势			
Df=6	26.8(－9.5～50.0)	1.0(0.1～1.5)	25.8(－12.4～49.1)
Df=9	32.1(－6.2～53.3)	1.0(－0.1～1.6)	31.1(－8.0～52.2)
相对湿度			
Df=4	28.0(－11.5～50.2)	1.1(0.2～1.6)	26.9(－9.2～50.4)
Df=6	27.0(－11.0～50.7)	1.1(0.3～1.6)	26.0(－10.9～47.1)
大气压			
Df=4	27.6(－9.2～49.9)	1.1(0.3～1.6)	26.5(－8.1～49.0)
Df=6	28.5(－10.4～51.3)	1.1(0.3～1.6)	27.5(－9.1～50.7)

第三节　极端温度对人群健康影响的讨论

本研究发现济南市气温与非意外死亡、心血管疾病及呼吸系统疾病每日死亡关系呈U形曲线，即无论高温或低温均可以增加3种疾病人群的死亡风险，但是归因于低温效应的比例远远高于高温的作用。老年人受低温与高温的影响较大。本研究中气温对济南非意外死亡人群归因分值高于Gasparrini等对中国15个城市的研究结果(11.0%)提示，随着近年来温度的升高，气温对人群健康带来的危害整体上可能呈现上升趋势，作为“中国四大火炉”之一的济南市，需要当地政府给予人群更多的关注。

目前，国内外已有大量关于气温与人群健康关系的研究。例如，2010年的高温热浪天气导致加拿大魁北克地区居民的死亡率与1981—2005年同期相比增加了33%；1975—2003年的寒潮事件导致西班牙卡斯提尔拉曼地区居民的死亡率明显增加；

2006—2011 年高温或低温增加了中国 66 个城市居民非意外死亡的风险，高温与低温分别造成了 3.44%和 1.04%的超额死亡风险；对全球 12 个国家 306 个城市的温度与健康关系分析结果表明，高温或低温均可以增加居民的死亡风险。这些研究多采用 RR 或优势比等指标来探讨温度与死亡之间的关系。为了更直观地说明气候变化给人群健康带来的危害，本研究利用归因指标揭示气温尤其是极端温度的疾病归因风险和归因死亡人数，结果发现：非意外死亡人群归因于气温的分值为 13.2%，高于 Gasparrini 等对 13 个国家人群全死因归因于气温 7.7%的风险；济南市心血管疾病死亡人群归因风险为 17.0%，约为伦敦市心血管疾病死亡风险(4.6%)的 4 倍。一项关于宁波市气温对总死亡人数的归因风险评估发现，归因分值为 13.4%，与本研究结果接近。这些证据提示不同气候、不同人群特征、不同经济水平等因素均有可能导致不同区域气温对人群死亡归因风险的差异。

大量流行病学研究表明，高血压是心血管和脑血管疾病最主要的危险因素。冬季气温低，血压高；夏季气温高，血压低。当外周温度较高时，汗液蒸发使得血液流向温度较低的表层皮肤，此时血压降低、血管扩张刺激交感神经，使得心率加快、心排血量增加，进而可能出现脱水、心脏超负荷工作，甚至导致内皮细胞损伤等。以上变化对于老年人及患有心血管等慢性疾病的人群非常危险，可能增加其心脏负担从而诱发心血管疾病。低温是心血管疾病发病的敏感因素，可能因为寒冷刺激会使体内儿茶酚胺分泌量增加，导致血压升高、心率加快，引起心肌需氧指数升高等；并且可伴随着血小板聚集和内皮功能损伤，使疾病急性发作概率增加，加重患者病情甚至威胁生命安全。然而研究发现，部分地区低温危害相对稳定，高温效应呈降低趋势，可能与居民认知水平的不断提高，从而会主动采取措施应对气候变暖的危害有关。

本研究还发现气温导致呼吸系统疾病人群死亡风险明显高于非意外死亡和心血管疾病人群死亡风险，且低温所占的比例极大。呼吸系统疾病的发生与冷空气或寒潮等活动关系密切，气温越低，患者病死率越高，高发期常集中于气温变化后的 3～5 天。一方面，低温环境增加机体炎症细胞的数量，易诱发支气管痉挛，降低呼吸道的自然反应机制和抑制免疫反应；另一方面，极端温度可能为细菌和病毒的滋生提供适宜的环境和传播途径。低温对不同疾病人群健康的影响在一周左右达到峰值，但可持续数周。这可能与冬季室内空气不流通而易感染疾病、缺少体力活动及高脂饮食有关，而高温作用往往较急促且存在收获效应。

个体特征是高温和低温的敏感因素。随着年龄的增长，人体各器官系统机能逐渐衰退，免疫力逐渐低下，导致机体调节能力降低，罹患各种疾病的可能性增大。尽管在健康状况下老年人可以维持水、电解质平衡，但这种能力是有限的，一旦周围环境发生改变，他们更易出现水、电解质失衡等情况，从而诱发或加重相关疾病。当前我国人口老龄化速度加快，65 岁以上老年人群慢性非传染性疾病患病率居高不下，老年人心脑血管疾病和呼吸系统疾病患病率高达 19.6%和 6.2%，故未来应加强对老年人的关怀，减轻慢性非传染性疾病对我国经济和卫生系统带来的不利影响。

结果显示，本研究中不同性别人群的各疾病死亡风险不同，女性呼吸系统疾病死亡归因风险高于男性。气温对不同性别的影响可因区域及人群结构不同而不同。例如，在济南市高温对女性影响较大，而在巴西高温却对男性影响较大。不同性别间气温脆弱性可能与不同性别生理结构、体温调节机制等方面的差异有关。另外，教育程度往往用来衡量个体的综合社会经济地位。较低的教育程度常常意味着较微薄的工资收入、较差的生活工作环境、较低的医疗保障、较差的健康状况且缺乏有效应对极端天气事件的知识，这部分人群受这些不利因素的影响，在极端天气事件发生时可能未及时采取防范措施，最终导致相应疾病的发生、发展、加重甚至死亡。

本研究存在着一些局限性。首先，各种疾病死亡受许多复杂因素的影响，如经济状况、就诊医院医疗水平及空气污染等，受收集资料的限制本研究中未能在模型中对上述因素加以控制。其次，我们不能排除在死因监测系统中，因ICD-10国际疾病编码错误分类导致的误差。本研究仅量化了气温与死亡的关系，对于病理生理机制层面尚不清楚，有待今后进一步分析和探讨。

【本章小结】

济南市人群不同死因疾病死亡风险归因于低温的比例高于高温。本研究结果将有助于了解济南市温度尤其是极端温度对人群健康的死亡影响，也可为制定适合本地区气温特点、人口结构及疾病谱的适应及干预策略提供科学的参考依据。

第六章　高温热浪期间居民患病情况及知、信、行基线调查

第一节　知、信、行基线调查在高温热浪研究中的意义

在气候变暖的背景下，各种气象灾害事件发生频率增加。其中，极端高温事件已成为严重危害人群健康的气象灾害之一。高温引发的疾病影响了数十亿人群的健康，未来其危害将持续加剧。大量研究证明，极端高温对居民健康造成了严重的危害。例如，2012 年的极端高温事件相比于其他气象灾害，造成的全世界居民死亡人数最多。美国的一项研究报道指出，1979—1999 年，共有 8 015 例居民因高温热浪而死亡。1995 年的高温热浪事件在芝加哥造成了 800 多人死亡。想必大家对 2003 年席卷欧洲大陆的高温热浪事件仍记忆犹新，这次灾害事件造成了 22 000～35 000 人额外死亡。目前，一些研究已对高温热浪对中国居民的健康风险评估进行了报道。2003 年上海的高温热浪使呼吸系统和心脑血管疾病的死亡率增加。极端高温事件也增加了广州市居民的死亡风险。老年人、患有基础疾病的人群是高温热浪敏感人群。因此，高温热浪对人群健康的危害引起了相关政府部门的高度重视。

当前关于高温和不同健康结局关系的研究呈明显增加趋势，但有关居民风险认知和高温适应能力的研究却十分有限。“知识、态度、行为”（Knowledge，Attitude，Practice）研究通常用来收集某个特定人群对特定问题的知识掌握情况、态度和相关行为。公众对高温热浪相关知识的掌握程度、面对风险时的态度和采取的适应行为是减少高温热浪健康危害的三个重要因素。当前，关于高温热浪知、信、行方面的研究主要集中在发达国家，发展中国家的相关研究很少。居民的知、信、行水平受气候条件、经济水平、教育程度、职业等多种因素的影响。因此，不同区域甚至较小地理尺度内居民的知、信、行水平也可能不同。中国的西部和南部部分地区已经开展了高温热浪知、信、行方面的研究，但是东部地区却没有开展类似的研究。夏季，高温热浪在济南市发生得越来越频繁。从 1951—2005 年，济南市共有 763 天高温日。据 2011 年济南市统计年鉴报道，日最高温近年来呈不断上升趋势，2009 年的日最高温甚至达到了 41.4℃。因此，选取济南市作为中国东部代表城市进行关于高温热浪知、信、行的研究具有很好的代表性及重要意义。高温热浪会对人群的健康产生不利影响，带来一些症状甚至增加高温热浪相关疾病的发病率和死亡率。本研究的目的在于了解济南市居民高温热浪的知、信、行基线水平，掌握当地居民在夏季尤其是高温热浪期间热相关疾病的发生情况，探讨居民高温热浪期间患病的影响因素，探索居民高温热浪知、信、行水平对健康结局的影响，进而为下一步干预项目的实施提供理论依据。

第二节　基线调查过程

一、研究对象

（一）研究地点

基于现场调查的可操作性和可控性，本研究选取济南市历城区作为研究现场。济南市历城区的地理环境、气候类型、人口结构与济南市相似，因此历城区具有较好的代表性。

本研究中选取济南市历城区居民作为调查对象。纳入标准：凡居住在本地，意识清楚并能配合调查的14岁及以上居民。排除标准：有精神病患、语言障碍及中枢神经系统性疾病等患者。

（二）样本含量的估计

本研究涉及人群高温热浪相关知识知晓率、高温热浪态度、高温热浪行为等多个指标，根据样本最大化原则，以人群高温热浪相关知识知晓率作为样本测算依据。根据Karen Akerlof等人在美国、加拿大、马耳他地区开展的调查，人群高温热浪的风险认知为33%，按估计暴露率 $p=35\%$，允许误差 $d=0.1*p$，$Z^2=1.96$，多阶段随机抽样的deff为1.5；根据单纯随机抽样无限总体样本含量计算公式得 $n=1\ 079$。为减少抽样过程中的不可控因素影响及确保样本质量，按上述方法估算的样本适当扩大10%，大约需收集1 200名研究对象的信息。为了下一步开展高温热浪干预项目的实施，选择干预组和对照组在样本含量方面1∶1整群匹配，共需要2 400名研究对象的相关信息。

（三）抽样过程

本研究于2014年7月12～18日期间在历城区四个街道办事处进行问卷调查，采取多阶段随机抽样的方法选择研究对象，具体过程如下。

第一阶段抽样：将历城区依据行政区划，划分为城市和农村，从城市和农村分别随机抽取两个街道，分别为山大路街道（城市）、全福街道（城市）、鲍山街道（农村）和王舍人街道（农村）。每个观察单位平均约55 000人，全部纳入人口约22万人。

第二阶段抽样：将抽取到的四个街道作为基线调查的现场，分别从每个街道随机抽取8个社区，作为基本研究单位。

第三阶段抽样：在社区常住居民住户中，按照简单随机抽样的方法，调查抽到的每一户中的一位居民作为研究对象，依据KISH表进行选择，最终需要调查2 400名研究对象。

二、数据收集

（一）调查方法

1. 问卷设计及主要内容

调查问卷是在结合专业知识、参考文献报道，并经过多次专题小组讨论、专家咨询和预调查测试下，不断修改而成。同时，研究人员对问卷进行了信效度检验。根据结果，信度系数等于0.782，认为该问卷信度较高。采用因子分析计算结构效度。因子分析结果表明，KMO＝0.846。本问卷KMO值大于0.7，说明该问卷的结构效度良好；信效度结果表明，此调查问卷可以较好地反映居民的高温热浪知、信、行情况；问卷内容主要包括以下五个方面：调查对象的一般情况、高温热浪相关知、信、行因子（表6-1）、热患病情况、居住环境和社会经济情况。

表6-1　高温热浪相关知、信、行因子条目

条目	问题	回答
知识（K）	在地面洒水开风扇能起到降温作用	是/否
	夏季穿深色衣服会感觉更凉爽	是/否
	炎热的中午应开启门窗	是/否
	发热、乏力、胸闷是中暑的常见症状	是/否
	服用某些药物会增加中暑的风险	是/否
	高温能引起死亡	是/否
	温室效应是由臭氧破坏导致的	是/否
	绿色植物能起到降温的作用	是/否
态度（A）	如果有高温热浪预警，您会注意防暑避热吗？	非常注意 很注意 注意 有些注意 不注意
行为（P）	是否感到口渴时才喝水	是/否
	会将户外活动尽量安排在凉爽时间	是/否
	当外出时，会做好防晒措施	是/否
	会给予老人、儿童等人群更多关注	是/否

2. 调查方式

本研究属于横断面调查，使用自行设计的调查问卷采用面对面的调查方式，由调查员在调查现场一对一地询问调查对象后并负责问卷的填写，保证问卷填写质量；跟踪现场情况，指派一名调查员负责检查调查完毕后问卷的完整性，有缺漏项及时填补。

（二）质量控制

1. 研究设计阶段

本研究使用的调查问卷综合了国内外有关高温热浪知、信、行的文献，结合本地区居民生活及家庭实际，广泛咨询相关领域专家意见后不断修改、完善，完成初稿；正式调查前进行预调查，主要考察问卷的信度、效度、逻辑性，用语是否通俗易懂；根据预调查结果对问卷进行再次修正，最后经过相关领域专家和领导讨论后定稿。

2. 资料收集阶段

(1) 选取一定数量的山东大学公共卫生学院的研究生和中国 CDC 的研究生作为调查员，对其进行统一的专业培训。培训目的是要调查员熟悉调查问卷的内容、了解调查目的；明确自己的角色和调查中的责任；规范和统一调查过程中的程序，主要包括调查技巧、倾听能力，调查过程中尽量避免给予调查对象暗示性的说明和提示。每个研究现场安排专人在各自地点对已回答的问卷进行核对，发现缺项和漏项等及时予以纠正。

(2) 为了获得调查对象的理解和支持，同时秉持知情同意的原则，调查问卷均附有知情同意书，告知调查对象此次研究的目的、意义，并且对调查对象的个人信息进行保密，承诺研究结果仅限于科学研究。

(3) 由两位数据录入员分别对调查问卷进行录入，并对录入结果进行检查，保证录入数据库数据的一致性和准确性。建立数据库后，对每个条目的回答情况作基本统计描述，观察是否存在异常值，并进行复查纠正。

3. 资料分析阶段

资料分析前进行数据清洗，对存在异议的数据查找原始调查表进行复核和更正，保证数据的真实可靠。

三、研究设计与统计分析

(一) 基本统计描述

对于连续变量如知、信、行得分，计算均数和标准差(standard deviation, SD)，利用方差分析进行统计检验。分类变量如性别、婚姻状况等计算构成比，进行 x^2 检验。

(二) 高温热浪期间热相关疾病患病率及其影响因素分析

热相关疾病包括因高温感到不适而就医、因高温不适而自行服药和被诊断为中暑。描述研究对象夏季热相关疾病的发生率。根据人口学因素分组，采用 x^2 检验比较各亚组人群热相关疾病患病率的差异。

利用 logistic 回归，分析热相关疾病发生的影响因素。先做单因素相关分析，有统计学意义($P<0.05$)的因素进行多因素回归分析。多因素回归分析中引入标准为 $P<0.05$，剔除标准为$P>0.1$。因变量 Y 的赋值为：0＝未患病，1＝患病。分析时所有多分类自变量具体赋值见表 6-2。

(三) 知、信、行水平与热相关疾病之间的关系

调查问卷中，知、信、行条目分别有 8 道题、1 道题和 4 道题(表 6-1)。知识和态度部分，每题回答正确得 1 分，错误记为 0，得分范围为 0～8 分和 0～4 分；知识部分 1 道题有 5 个选项，分别从 5～1 赋值，得分范围为 1～5 分。总得分为知、信、行之和，取值范围为 1～17。首先采用 Pearson 相关，分析知、信、行三者之间的相关性。其次依据知、信、行得分，将其等距分组。知识划分为 3 组(<3，3～5，>5)，态度划分为 2 组(<3 和≥3)，行为划分为 2 组(<3 和≥3)。然后采用非条件 logistic 回归，分析不同水平知、信、行与热相关疾病患病率之间的关系。最后探讨不同水平知、信、行之间的组合对热相关疾病的影响。

本研究采用 EpiData3.1 软件建立数据库，SPSS 20.0 统计软件进行数据处理与统计分析，检验水准为 0.05。

表 6-2　多分类变量赋值表

所属问卷部分	变量	赋值
基本情况	性别	1＝男，2＝女
	年龄	________岁
	文化程度	1＝小学及以下，2＝小学，3＝初中，4＝高中/中专，5＝大专/本科，6＝硕士及以上
	户籍	1＝城镇，2＝农村
	婚姻状况	1＝未婚，2＝已婚，3＝丧偶，4＝离婚
	职业分组	1＝在职，2＝离退休，3＝无业，4＝学生
工作环境	工作地点	1＝室外太阳下，2＝室外阴凉处，3＝室内
	有无降温设备	0＝无，1＝有
	有无风扇	0＝无，1＝有
	有无空调	0＝无，1＝有
	提供消暑用品	0＝无，1＝有
居住环境	住房类型	1＝楼房非顶层，2＝楼房顶层，3＝平房，4＝别墅/独门独院，5＝其他
	人均面积	________平方米
	通风情况	0＝不好，1＝好
	有无洗澡设备	0＝无，1＝有
	有无降温设备	0＝无，1＝有
	有无风扇	0＝无，1＝有
	有无空调	0＝无，1＝有
社会经济情况	收入	1＝＜2 000 元，2＝2 000～3 000 元，3＝3 000～5 000 元，4＝5 000～10 000 元，5＝＞10 000 元
	用水紧张	0＝无，1＝有
	用电紧张	0＝无，1＝有
	干预措施	1＝提供高温预警信息，2＝提供防暑设施及消暑用品，3＝对高温相关知识的宣教，4＝其他，5＝都没有必要
	政府作用	1＝作用很大，2＝有些作用，3＝没什么作用，4＝不知道
	医疗机构的距离	________千米
	亲戚联系	________次/周
	邻居联系	________次/周
	室外活动时间	________小时/天
身体健康状况	患基础疾病情况	0＝无，1＝有
	是否长期服药	0＝无，1＝有
	是否身体不适*	0＝无，1＝有
	往年因热不适就医	0＝无，1＝有
	对家人老人、婴幼儿或慢性病患者是否有影响	1＝有，2＝没有，3＝家中无老人、婴幼儿或慢性病患者

注：*是否身体不适中：1 指不适症状大于等于 3 项；0 则指小于 3 项。

第三节 基线调查结果

(一) 基线调查居民的基本人口学信息

本次调查共发放调查问卷 2 400 份，回收有效问卷 2 240 份，问卷回收有效率为 93.32%。表 6-3 为基线调查对象的人口学基本构成情况。调查者平均年龄为(43.5±16.55)岁，最小的 15 岁，年龄最大的 91 岁。在被调查的 2 240 名居民中，女性居民 1 220 人，略多于男性(1 020 人)；城市户籍者 1 382 人，占被调查对象的 61.7%；86.1% 的被调查者已婚；1 517 人(67.7%)目前在职，待业者 216 人(9.6%)。调查对象的教育水平和月收入差异较大，高中文化水平和月收入 2 000～3 000 元的居民占调查对象比例较大。

(二) 居民热相关疾病暴露情况及影响因素分析

1. 居民热相关疾病患病率的人口学特征比较

被调查对象热相关疾病患病情况见表 6-4。热相关疾病包括因热就医、服药和中暑。基线调查时共有 552 人患病，占基线调查总人数的 24.6%；其中，215 名调查对象曾经历过中暑，407 人曾患过其他热相关的不适症状。

在 2 240 名基线调查居民中，男女比例为 0.84∶1，男性居民中有 275 人患病，女性居民中有 277 人经历过热相关疾病暴露事件。患病率在男性和女性中分别为 1.19∶1，男性略高于女性(x^2=5.418，P=0.021)，差异有统计学意义。从高温患病的年龄趋势上看，从 15～35 岁患病率逐渐升高，在 35～44 岁患病率最高；随后随着年龄的升高，患病率逐渐降低，呈“Λ”字分布，不同年龄组间差异无统计学意义。热相关疾病患病率在不同教育程度和收入水平调查对象中差异不大。

表 6-3 2 240 调查对象的基本人口学特征

人口学特征	`	n	百分比(%)
性别	男	1 020	45.5
	女	1 220	54.5
年龄(岁)	15～24	268	12.0
	25～34	564	25.2
	35～44	397	17.7
	45～59	548	24.5
	60～74	377	16.8
	≥75	86	3.8

（续表）

人口学特征		n	百分比(%)
教育程度	文盲或半文盲	102	4.6
	小学	202	9.0
	初中	546	24.4
	高中	666	29.7
	大学	652	29.1
	研究生及以上	72	3.2
婚姻状况	未婚	367	16.4
	已婚	1 772	79.1
	离异	89	4.0
	寡居	12	0.5
职业状况	在职*	1 517	67.7
	没有工作	216	9.6
	退休	321	14.3
	学生	186	8.3
家庭收入(元)	<2 000	569	25.4
	2 000～3 000	822	36.7
	3 000～5 000	595	26.6
	5 000～10 000	213	9.5
	>10 000	41	1.8
户口	城市	1 382	61.7
	农村	858	38.3

* 有职业包括工农牧林、警察、教师、行政人员、服务人员及其他类型的工作人员。

表 6-4　历城区调查对象热相关疾病患病情况

基本人口学特征		n(百分比,%)	X^2	P
年龄(岁)	15—	58(21.6)	4.053	0.542
	25—	138(24.5)		
	35—	107(27.0)		
	45—	143(26.1)		
	60—	88(23.3)		
	75—	18(20.9)		
性别	男	275(27.0)	5.418	0.020
	女	277(22.7)		
居住地区	城市	346(25.0)	0.301	0.584
	农村	206(24.0)		
教育水平　文盲或半文盲	14(13.7)	8.611	0.126	24.4
小学	52(25.7)			
初中	138(25.3)			29.1
高中	170(25.5)			3.2
	大学	156(23.9)		
研究生及以上	22(30.6)			79.1
婚姻状况	未婚	81(22.1)	1.588	0.662
	已婚	445(25.1)		
	离异	23(25.8)		
	寡居	3(25.0)		
职业状况	在职	396(26.1)	7.222	0.065
	无职业	42(19.)		
	退休	77(24.0)		
	学生	37(19.9)		
月收入(元)	＜2 000	150(26.4)	7.44	0.114
	2 000～3 000	212(25.8)		
	3 000～5 000	133(22.4)		
	5 000～10 000	43(20.2)		
	＞10 000	14(34.1)		

2. 热相关疾病患病影响因素分析

(1) 单因素分析。

此次问卷的调查对象为在职者、离退休人员、待业者及学生。除在职人群外，其余调查对象对问卷中的工作环境部分均不作答。因此，将基线研究对象按是否有工作分为两大类，即回答了问卷中工作环境部分的在职对象和未回答工作环境部分的非在职对象。

① 在职对象患病因素的单因素分析。

将问卷中涉及的可能相关影响因素与居民是否在高温期间患病的健康结局进行Spearman相关分析，包括五大方面，共33个指标，具体结果见表6-5。

结果显示，在职调查对象中，性别、职业、工作地点、是否提供消暑用品、是否用水及用电紧张等因素与高温期间热相关疾病患病相关性有统计学意义($P<0.05$)，其中性别、职业、工作地点、干预措施、亲戚联系次数、对家人是否有影响与患病率呈负相关。

② 非在职对象患病因素的单因素分析。

将问卷中涉及的可能相关影响因素与居民是否在高温期间患病的健康结局进行Spearman相关分析，包括四个大方面，共28个指标。单因素分析结果见表6-6。

结果显示，被调查的473名对象中，有无洗澡设备、是否出现不适症状、往年是否有就医行为及社会经济情况中的大多数指标与高温期间患病情况相关性有统计学意义，其中用水、用电紧张、与医疗机构距离、不适症状及往年就医行为与患病率呈正相关。

表6-5 高温期间在职对象热相关疾病患病因素的单因素分析结果

所属问卷部分	变量	R_s	P
基本情况	性别	−0.049*	0.038
	年龄	0.022	0.361
	文化程度	−0.001	0.980
	户籍	0.001	0.979
	婚姻状况	0.031	0.193
	职业分组	−0.058*	0.016
工作环境	工作地点	−0.092***	0.000
	有无降温设备	0.032	0.186
	有无风扇	0.008	0.743
	有无空调	−0.005	0.841
	提供消暑用品	0.057*	0.018

（续表）

所属问卷部分	变量	R_s	P
居住环境	住房类型	0.035	0.151
	人均面积	−0.018	0.441
	通风情况	0.009	0.718
	有无洗澡设备	−0.043	0.072
	有无降温设备	0.002	0.945
	有无风扇	−0.008	0.750
	有无空调	−0.012	0.612
社会经济情况	收入	−0.044	0.065
	用水紧张	0.067**	0.005
	用电紧张	0.092***	0.000
	干预措施	−0.073**	0.003
	政府作用	0.010	0.687
	医疗机构的距离	0.032	0.183
	亲戚联系	−0.065**	0.006
	邻居联系	−0.018	0.444
	室外活动时间	0.071**	0.003
身体健康状况	患基础疾病情况	0.072**	0.003
	是否长期服药	0.061	0.278
	不适症状	0.252***	0.000
	往年因热不适就医	0.288***	0.000
对家人老人、婴幼儿或慢性病患者是否有影响		−0.150***	0.000

* $P<0.05$，** $P<0.01$，*** $P<0.001$

表 6-6　高温期间非在职对象的热相关疾病患病因素的单因素分析结果

所属问卷部分	变量	R_s	P
基本情况	性别	−0.039	0.400
	年龄	−0.041	0.379
	文化程度	0.067	0.144
	户籍	−0.073	0.114
	婚姻状况	0.027	0.563
	职业分组	0.033	0.480
居住环境	住房类型	0.030	0.514
	人均面积	−0.068	0.141
	通风情况	0.010	0.830
	有无洗澡设备	−0.121**	0.008
	有无降温设备	−0.042	0.365
	有无风扇	−0.063	0.170
	有无空调	0.055	0.240
社会经济情况	收入	−0.017	0.719
	用水紧张	0.123**	0.008
	用电紧张	0.199***	0.000
	干预措施	−0.049	0.308
	政府作用	−0.108*	0.019
	医疗机构的距离	0.107*	0.020
	亲戚联系	−0.042	0.359
	邻居联系	−0.118*	0.011
	室外活动时间	0.015	0.751
身体健康状况	患基础疾病情况	−0.044	0.340
	是否长期服药	0.014	0.836
	不适症状	0.278***	0.000
	往年因热不适就医	0.293***	0.000
对家人老人、婴幼儿或慢性病患者是否有影响		−0.146**	0.002

* $P<0.05$，** $P<0.01$，*** $P<0.001$

(2) 多因素分析。

以高温期间是否患病为因变量(因变量 Y 的赋值为:0=未患病,1=患病),将单因素分析显示与高温期间患病相关性有显著性($P<0.05$)的指标引入多因素分析。变量以 0.05 为纳入标准、以 0.1 为剔除标准,进行 logistic 向前逐步回归分析。

① 在职对象患病因素的多因素分析。

在样本人群中的多因素分析结果见表 6-7。在 1 767 名对象中,过去几年因高温不适去医院就诊人群的热相关疾病患病风险是没有就医行为人群的 3.793 倍(95%CI:2.749~5.235)。今年高温期间出现高温不适症状的人群热相关疾病患病率是未出现过人群的 2.874 倍(95%CI:2.188~3.775)。对于工作地点来说,室外阴凉或者太阳下的患病风险变化没有显著性差异;而室内工作者的患病风险降低,仅为室外太阳下的 0.631 倍,属于保护因素。对于家中无脆弱人群的对象来说,患病风险是认知上有影响人群的 0.390 倍;其中,令人疑惑的是单位提供消暑用品是危险因素,OR 值为 1.354。

表 6-7 在职居民热相关疾病患病因素的多因素 logistic 回归分析

影响因素	β	S. E.	Sig.	OR	95%CI
室外太阳下			0.020		
室外阴凉处	−0.218	0.255	0.393	0.804	0.487~1.327
室内	−0.460	0.168	0.006	0.631	0.454~0.878
提供消暑用品	0.303	0.134	0.024	1.354	1.040~1.62
提供高温预警信息			0.052		
提供防暑设施及消暑用品	0.076	0.159	0.633	1.079	0.791~1.472
对高温相关知识的宣教	−0.244	0.213	0.254	0.784	0.516~1.191
其他	−1.228	1.061	0.247	0.293	0.037~2.343
都没有必要	−0.973	0.439	0.027	0.378	0.160~0.893
不适症状分类	1.056	0.139	0.000	2.874	2.188~3.775
就医行为	1.333	0.164	0.000	3.793	2.749~5.235
对家中老人、儿童有影响			0.005		
没有影响	−0.285	0.149	0.056	0.752	0.562~1.007
家中无老人、儿童	−0.941	0.325	0.004	0.390	0.207~0.738
常量	−1.483	0.226	0.000	0.227	

* $R^2=0.216$,Hosmer-Lemeshowt 统计量为 5.916,自由度=8,$P=0.657$,说明模型拟合得较好。

② 非在职对象患病因素的多因素分析。

在被调查的473名调查对象中，用电紧张、出现不适症状、因热就医属于高温患病的危险因素，OR值分别为1.907(95%CI：1.013，3.589)、3.517(95%CI：2.067，5.983)和3.535(95%CI：1.938，6.448)。许多人认为政府的作用会降低热患病风险，是保护因素。与邻居的联系次数越多，高温患病风险越低，患病风险为原来的0.902倍(见表6-8)。

表6-8 非在职对象热相关疾病患病因素的多因素logistic回归分析

影响因素	β	S. E.	Sig.	OR	95%CI
用电紧张	0.645	0.323	0.046	1.907	1.013～3.589
政府作用	−0.431	0.147	0.003	0.650	0.487～0.867
邻居联系	−0.104	0.049	0.033	0.902	0.819～0.992
不适症状分类	1.257	0.271	0.000	3.517	2.067～5.983
往年因热不适就医	1.263	0.307	0.000	3.535	1.938～6.448
常量	−0.846	0.422	0.045	0.429	

* $R^2=0.265$，Hosmer-Lemeshowt统计量为7.892，自由度为8，$P=0.444$，模型拟合尚可。

(三) 居民知、信、行水平与热相关疾病患病关系的研究

1. 居民知、信、行频数统计

居民知、信、行各条目回答情况具体见表6-9。知识条目中有四道题的回答正确率超过了80%。82.3%的居民认为，夏季在地面洒水并开风扇可以降低室内温度；超过80%的居民可以分辨中暑的常见症状；然而，却有超过2/3(72.2%)的居民认为温室气体是由臭氧引起的。对于应对高温热浪的态度，66.7%的居民会积极应对，只有0.9%的居民可能没有意识到高温热浪的危害而漠不关心。为了应对高温热浪，居民会采取具体的行为，大多数居民会在高温期间更加关注家中老年人及儿童等脆弱人群的健康；超过80%的调查者会在外出时做好防护准备；但是，仍有超过一半的居民(56.1%)补水不及时，只有在口渴时才喝水。

表 6-9　居民知、信、行各条目回答情况

条目	问题	回答	n(%)
知识	在地面洒水开风扇能起到降温作用	是	1 845(82.3)
		否	378(16.9)
	夏季穿深色衣服感觉会更凉爽	是	603(26.9)
		否	1 614(72.1)
	炎热的中午应开启门窗	是	859(38.3)
		否	1 357(60.6)
	发热、乏力、胸闷是中暑的常见症状	是	1 858(82.9)
		否	363(16.2)
	服用某些药物会增加中暑的风险	是	946(42.2)
		否	1 252(55.9)
	高温能引起死亡	是	1 891(84.4)
		否	332(14.8)
	温室效应是由臭氧破坏导致的	是	1 617(72.2)
		否	582(26.0)
	绿色植物能起到降温的作用	是	1 877(83.8)
		否	350(15.6)
态度	如果有高温热浪预警,您会注意防暑避热吗?	很注意	570(25.4)
		非常注意	926(41.3)
		注意	524(23.4)
		有些注意	201(9.0)
		一点不注意	20(0.9)
行为	是否是感到口渴时才喝水	是	1 258(56.1)
		否	983(43.9)
	会将户外活动尽量安排在凉爽时间	是	1 986(88.6)
		否	255(11.4)
	当外出时,会做好防晒措施	是	1 793(80.0)
		否	448(20.0)
	会给予老人、儿童等人群更多关注	是	2 021(90.2)
		否	218(9.8)

2. 不同特征居民知、信、行均值比较

图 6-1 反映了不同基本人口学特征居民知、信、行及知、信、行总得分的平均值。2 240 名调查对象知识得分均值为 5.40(SD=1.45),将所有亚组居民得分均值进行比较,皆有统计学差异($P<0.05$);其中男性得分高于女性(5.50±1.39 vs. 5.32±1.50);知识得分与教育程度呈正相关,随着教育水平的提高,知识得分也呈上升趋势。

被调查对象态度得分均值为 3.81(SD=0.94)。不同性别、年龄、婚姻状况、职业和户籍调查对象的得分均值差异有统计学意义。女性得分低于男性,调查者属城市户籍应对高温热浪的态度比农村居民更积极。

行为得分均值为 3.02(SD=0.01)。除不同年龄、收入外,其余亚组调查对象的行为均值统计学检验均有意义。女性得分高于男性,说明女性在高温热浪期间采取的应对行为多于男性;此外,35~44 岁年龄段居民的行为得分最高,但不同年龄组间得分无显著差异。

所有调查对象知、信、行总得分均值为 12.23(SD=2.23)。男女得分基本相同;教育水平最高者获得的知、信、行得分也最高;知、信、行得分在不同性别、婚姻状况和职业分组中差异无统计学意义($P>0.05$)。

3. 居民知、信、行水平相关性分析

相关性分析结果表明:知识与态度($r=0.068, P<0.01$)、知识与 P($r=0.239, P<0.01$)、态度与 P($r=0.214, P<0.01$)之间的相关性均有统计学意义表 6-10。然而,两两之间的相关程度很弱,我们可以认为这三者之间的关联性不强。

表 6-10　知、信、行三者得分的相关性分析

变量	知识得分	态度得分	行为得分
知识得分	1		
态度得分	0.068*	1	
行为得分	0.239*	0.214*	1

* $P<0.01$

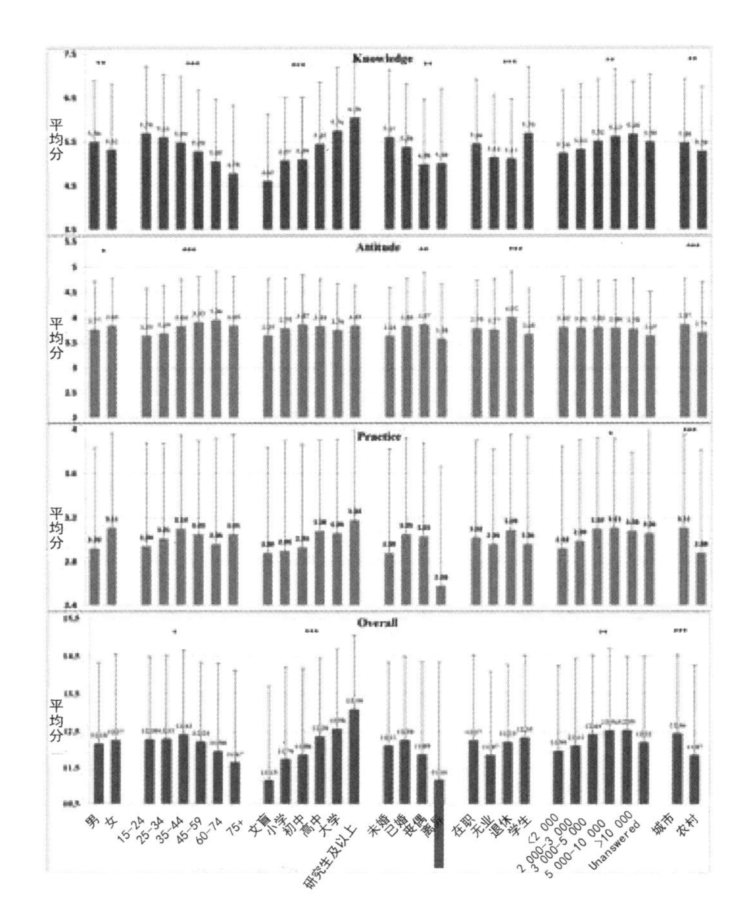

图 6-1　基线调查对象各亚组人群知、信、行得分情况(由上到下分别为 K,A,P 及 Overall(总得分))

4. 不同知、信、行水平组合与热相关疾病的关联

表 6-11 中 Model Ⅰ和 Model Ⅱ采用非条件 logistic 回归探讨不同知、信、行水平与热相关疾病患病之间的关系;Model Ⅲ和 Model Ⅳ采用非条件 logistic 回归分析知、信、行三者之间交互效应对热相关疾病患病的影响。其中,Model 2 和 Model 4 控制了相关混杂因素的影响。Model Ⅰ-Ⅳ均以 K、A、P 最低水平作为参照组。Model 2 控制混杂因素后分析知、信、行三者对居民患病的影响,发现只有知识的主效应有统计学意义($P<0.001$),说明知识与热相关疾病患病有关。以知识>5 作为参照组,进行主效应分析发现知识得分在 3～5 分之间的居民热相关疾病患病风险增加(OR=1.44,95%CI:1.13,1.80;*a*OR=1.55,95%CI:1.25,1.96)。进一步分析不同知、信、行之间组合即交互效应是否对居民热相关疾病患病有影响,结果发现当态度和行为均在高水平(得分>3)时,患病风险为 0.30(95%CI:0.13,0.65)。然而,当居民的态度<3 和行为≥3 时,患病风险最高(OR=2.61,95%CI:1.20,5.56;*a*OR=2.70,95% CI:1.24,5.75),且有统计学意义。

表 6-11　不同知、信、行水平与热相关疾病关联的主效应和交互作用分析

变量	分组	热相关疾病患病危险					
		未患病 n	患病 n	Model Ⅰ OR(95% CI)	Model Ⅱ aOR(95% CI)	Model Ⅲ OR(95% CI)	Model Ⅳ aOR(95% CI)
知识	<3	72	24	1	1		
	3－5[a]	737	272	1.20(0.65～2.05)	1.16(0.63～1.99)		
	>5	879	256	0.84(0.50～1.44)	0.72(0.44～1.27)		
态度	<3	170	41	1	1		
	≥3	1518	511	0.95(0.65～1.33)	0.90(0.61～1.35)		
行为	<3	337	137	1	1		
	≥3	1351	415	0.95(0.69～1.32)	0.99(0.74～1.28)		
知识×态度	<3×<3	18	2			1	1
	3－5×<3	74	25			3.14(0.56～14.11)	2.32(0.45～10.92)
	>5×<3	78	14			2.24(0.60～11.09)	1.80(0.31～8.49)
	<3×≥3	54	22			2.81(0.66～13.71)	2.09(0.52～10.57)
	3－5×≥3	663	247			0.34(0.09～1.62)	0.44(0.08～2.26)
	>5×≥3	801	242			0.25(0.10～1.50)	0.38(0.08～1.95)
知识×行为	<3×<3	36	13			1	1
	3－5×<3	166	87			0.96(0.44～2.02)	0.78(0.39～1.86)
	>5×<3	135	37			0.64(0.30～1.29)	0.54(0.20～1.19)
	<3×≥3	36	11			0.62(0.25～1.69)	0.55(0.16～1.61)
	3－5×≥3	571	185			1.61(0.48～4.82)	1.81(0.57～5.49)
	>5×≥3	744	219			1.82(0.54～5.67)	1.94(0.61～6.28)
态度×行为	<3×<3	79	12			1	1
	<3×≥3	91	29			2.61*(1.20～5.56)	2.70*(1.24～5.75)
	≥3×<3	258	125			2.03*(1.01～4.05)	2.08*(1.08～4.19)
	≥3×≥3	1260	386			0.32*(0.11～0.73)	0.30*(0.13～0.65)
知识主效应P值				0.006	0.001		
态度≥3×行为≥3交互效应的P值						0.003	0.002

* $P<0.05$；OR：比值比；aOR：调量比值比；CI：可信区间；a 知识得分>5为参考，OR＝1.44，95%CI：1.13～1.80；aOR＝1.55，95%CI：1.25～1.96；混杂变量：性别、年龄、教育水平、婚姻状况、职业、月收入、户籍。

第四节　调查结果的启示

许多研究已经证实高温热浪对人群健康有不利影响，而目前，对于居民高温热浪的应对常识、风险认知和适应行为及热相关疾病危险因素的研究却十分有限。与此同时，中国高温热浪的影响范围越来越大、强度也越来越强，因此，研究热相关疾病的相关危险因素和居民相关知、信、行水平，探讨二者之间的关系具有重要意义。这不仅可以为决策者提供重要依据，也为有效开展高温热浪相关适应措施和干预项目指明了方向。本研究首次在中国东部开展居民高温热浪知、信、行水平及热相关疾病患病影响因素的调查。热相关疾病患病因素结果显示：室内工作、政府作用及邻里联系是保护因素。知、信、行基线调查结果显示济南市历城区居民具有较高的高温热浪知、信、行水平，由于周围环境、教育水平和社会经济的差异，部分亚组人群具有较低的高温热浪 K、A、P 水平。

对本研究中的高温不适症状，笔者主要调查了居民在高温热浪期间循环系统、呼吸系统、心理状态等出现不适的频次，并进一步探究其与热相关疾病的关系。以往研究结果显示，呼吸系统疾病、心脑血管、消化系统疾病等在高温热浪期间的发病率及死亡率可能升高。本研究结果指出热相关疾病发生率与不适症状强度成正比，说明热相关疾病患者出现相关系统疾病的可能性更大，这与以往的研究结果一致。无职业人群中用电紧张是热相关疾病患病的危险因素。电作为居民日常重要的生活资源，与衣食住行息息相关，夏季饮水、洗澡、使用降温设备均离不开电力的支持。如果用电紧张，则会影响居民正常适应措施的实施，增加居民患病的概率。而工作场所由于特殊的社会需求，往往供电充沛，极少出现用电紧张的情况。作为无职业群体应考虑多种防暑降温措施的结合，如炎热的中午关闭门窗以防止太阳直射，傍晚天气凉爽时开窗通风，去图书馆、大型商场、游泳馆等公共场所纳凉等等。通过多种措施的结合，最大限度降低患病风险。以往研究发现，个人风险意识可以通过邻里联系、朋友交流和社会关系被加强。邻里联系在本研究中也被证明是保护因素之一。紧密的邻里联系可以使相关信息及时在彼此间传播。这提示我们通过增强邻里关系、加强邻里交流可能会提高高温干预项目的效果。

在本调查中，大多数居民表示会在高温天气采取适当的保护措施。美国的一项研究却得出相反的结果，仅有一半的居民会在高温时调整个人行为。本研究中调查的行为多涉及一些简单的、低成本的措施，如多饮水、减少户外活动、穿浅色的薄衣服等。这提示我们，在制定高温热浪适应措施时应考虑经济成本、可接受性和可操作性。有研究指出男性、年轻人和居住在农村的居民中暑的可能性更大，多是由于这些群体风险认知水平相对较低。这与本研究中男性、年轻人和居住在农村居民热相关疾病患病率较高，而态度水平较低结果一致。这种现象可以从以下两个方面解释：第一，户外工作者多为男性，他们往往认为自己身体健康，而不会受到高温的影响；第二，农村居民往往受教育水平较低而导致知识储备量不足，思想上未能及时意识到高温热浪会给他们带来的危害，从而增加患病风险。因此，相关部门需要采取有效的措施，如进行健康教育、通过电视等媒体宣传高温热浪对人群健康的危害等，提高居民尤其是高温热浪脆弱人群的风险认知水平。

丰富的知识储备可以减少气候变化对健康的影响。本研究中，各亚组居民知识水平的差异均有统计学意义。教育水平高的人群高温热浪知识也较丰富，这与我们的预期结果一致。高温热浪期间年轻居民的常识得分高于老年人群，这可能与年轻人有更多的途径去获得知识和预警提示有关。比如，年轻人可以通过电视、报纸、收音机、互联网、手机中各种 APP 推送的消息等多种途径接收相关信息，通过被教育和自我学习在高温热浪期间接受更多的自我保护知识。而老年人多对互联网、手机等新兴媒体接受速度比较慢，主要还是以传统媒体工具为主来获取相应的知识。因此，夏季高温时也应将电视、报纸和收音机作为知识宣传的主要传播载体，切实保障老年人的健康，减少高温热浪天气对老年人群的危害。政府工作人员应意识到媒体宣传的重要性，针对不同年龄段、不同受众群体，采取有针对性、强有力的宣传手段，包括宣传海报、宣传折页、小区电子屏、宣传视频等等，宣传的目的在于丰富居民的相关知识和提高自我保护意识。

本研究中还发现一些需要引起政府重视的问题。例如，相当一部分调查者不清楚夏季如何正确用药，不了解温室效应的主要原因，这两个问题的正确率仅为 42%和 26%。造成现象的原因可能是因为类似问题没有引起居民的足够重视，他们掌握的常识多较简单，如绿色植物可以起到降温作用等。因此，政府及相关部门应将多种宣传方式相结合，从广度和深度两个方面增强居民的防护意识和提高知识水平。另外，经济水平多与一个国家或地区的教育水平相关。有研究发现，发达国家的居民对全球气候变暖和高温预警有较高的认知风险。这也与本研究结果一致，即高收入和高教育水平的人群知识水平也较高。因此，我们推测低收入居民由于环境、基础设施和信息传播途径的限制，多倾向于感知外界环境对自身的影响。如果事实果真如此，济南市建立一套完整的高温热浪社区适应方案显得十分必要。

本研究结果指出，大多数居民会在高温热浪期间采取适当行为，但仍有极少数居民不会采取任何保护措施；56%的被调查者只有在口渴时才喝水。Sheridan 等在美国北部的一项研究发现，夏季极高温度时只有一半的被调查者会摄入比平时多的水。当周围温度超过 34℃时，人体会通过排汗来降低自身温度。因此及时补充水分可以保证机体正常排汗功能，降低缺水的可能性。但是，这也不是说人们要无节制地摄入水分，适量的补水才是合适的。Yong 等人的研究发现，那些在高温热浪期间摄入过多水的人群具有较高的患低钠血症的风险。具体的摄水量应根据自身的口渴感知、尿液的颜色和量，并结合专家的指导因人而定。

本研究还发现女性居民采取行为措施得分高于男性，这主要是因为男女对风险认知不同造成的。女性在日常家庭生活中往往负有更多责任，她们对家庭其他成员和朋友的关心较男性多。在高温或其他极端天气事件发生时，她们会更加关心家中其他成员的安全和健康状况。有研究表明，高温热浪等事件对女性造成的压力大于男性。因此，周围环境的变化可以直接影响女性的情绪和心理状态，而促使她们及时采取措施来应对环境给自身情感和健康带来的影响。本研究还发现，城市居民行为得分高于农村居民，这可能与城市热岛效应有关。城市热岛效应是指城市中的气温明显高于外围郊区的现象。外围郊区由于人口密度低、植被覆盖率高，升温速率较城市地区慢。1970—2012年，济南市热岛效应强度有着明显的增强。许多流行病研究已经证实城市热岛效应可以增加人群的死亡风险。未来城市的面积和人口数量的增加，会使得济南市城市热岛效应越来越强。就济南市的实际情况而言，不仅需要提高居民的知、信、行水平，还需要采取减排措施、优化产业结构、完善高温预警机制来缓解城市热岛效应，最大限度减轻其对济南居民健康及生产生活带来的不利影响。知识、态度、行为相关性分析结果与交互作用结果一致，均表明风险认知态度与适应行为呈正相关。这一发现与刘涛等对广州市居民风险认知和适应行为的研究结果一致。本研究采用非条件 logistic 回归分析知识、态度、行为的主效应和交互效应对人群热相关疾病的影响。与之前发现一致，低知识水平者患病风险增加。一般认为，积极的风险认知态度和适应措施可以降低热相关疾病的患病风险。本研究中，态度与行为对热相关疾病患病没有影响，与预期结果相反。这可能与本研究中调查所用问卷中评价态度和行为的题目较少有关，使得其在知、信、行总评价中权重较低。这可能导致对态度、行为与热相关疾病之间关系的探讨不够充分、有效，对于知、信、行三者与热相关疾病之间关系的研究也不深入。下一步应继续查阅相关文献，增加评价条目，全面和系统地探究知、信、行及其与热相关疾病之间的关系。

本研究进一步采用分层分析研究知、信、行三者间不同水平交互效应与热相关疾病之间的关系。研究结果表明，同时有高风险认知水平和行为水平的调查者患热相关疾病的风险降低，因此提高认知水平和行为理念可以降低高温热浪对居民健康的不利影响。本研究还发现高温热浪期间居民行为水平较高而态度意识较低者患热相关疾病的风险最高。为了解释这一现象，本研究分析了这部分人群的基本人口学特征，结果发现这些居民大多来自农村，教育水平低下并且收入不高；尽管他们采取了相应的适应行为，可能由于教育水平较低并没有意识到高温热浪对其健康的危害。另外，受经济水平限制，这些居民可能无力购买空调等有效的降温设备。农村地区经济发展相对落后，公共交通欠发达，基础设施不完善，没有较多公共场所供居民防暑避热（如大型商场、图书馆、游泳馆）。以上原因可以部分解释此人群患病率较高的现象。据此，高温热浪期间，应给予居民尤其是高温热浪脆弱人群更多的关心，制定有全局性和针对性的适应措施。

【本章小结】

高温热浪对济南居民的健康有普遍且重要的影响。不同职业状态的人群受高温热浪的影响存在差异。济南市历城区居民具有较高的知、信、行水平，教育水平低者、老年人及居住在农村地区的居民知、信、行水平相对较低。提高居民知、信、行水平可以降低热相关疾病患病风险。这提示政府等各级层面应积极行动起来，通过各种丰富多彩和喜闻乐见的形式将高温热浪相关知识传递给居民，从而达到降低热相关疾病患病风险的目的。

第七章　高温热浪知、信、行改变的社区干预试验

第一节　社区干预试验的意义

全球表面平均温度在1880—2012年间增加了0.85℃，而高排放情景模型预测显示，若无有效的措施加以应对，在21世纪末全球气温将升高2.6～4.8℃。IPCC在报告中进一步指出，人类活动在导致全球气温变化的同时也在增加极端天气气候事件的发生风险，如对人类健康有着明显负面效应的“热浪”。报告指出，夏季平均气温每升高2～3℃，极热天气出现的次数将增加1倍。大量的流行病学证据已经表明，高温热浪对人群健康具有不利的影响。

为了应对高温热浪对人群健康带来的危害，欧洲、澳大利亚、美国和加拿大等都采取了适应和减缓措施。这些措施从国家、区域、政府、社区及个人等多个层面开展。例如，加拿大已经有5个城市采取了高温热浪预警系统；在欧洲，高温热浪预警系统基本覆盖了整个欧洲大陆。在区域和社区层面，相关部门经常对居民进行健康教育。从个体水平上看，居民为应对高温热浪多采取多饮水、穿轻薄衣物、减少户外活动等适应措施。尽管当前高温热浪干预项目已在许多国家中开展，但是关于干预效果评价的研究却很少。当前公共卫生政策评估较难开展的主要原因是混杂变量较难控制和实施障碍较多。因此，我们需要更多的证据来证明高温热浪干预措施的有效性。

从发表的各类文献来看，高温热浪对人群健康已经造成了严重的危害，给社会、家庭及个人都造成了许多额外经济负担。但是，高温热浪所带来的热相关疾病的负担研究除了应用发病率、患病率和死亡率等一系列流行病学指标外，还需要进一步明确其卫生经济学指标，这样才能更加全面地评价热相关疾病给社会带来的影响。WHO认为经济学评价可以为发达国家和发展中国家制定卫生政策提供重要依据，而当前此类研究却少之又少。因此，从经济学角度评价干预措施是否有效具有重要的指导意义。

为了更加有针对性地应对高温热浪带来的危害，本研究拟通过自行制定的高温热浪干预措施，通过社区干预试验评价制定措施的有效性，为其他地区政策和干预项目的制定提供科学的依据。本研究选取济南市历城区作为研究现场，通过开展高温热浪干预计划（Heat Wave Intervention Program，HWIP），调查居民干预前后知、信、行水平及热相关疾病患病率的改变，采用双重差分模型评估干预措施对居民知、信、行水平及热相关疾病患病率的影响，进而评价干预措施的有效性。

同时，本研究对干预措施取得的效果进行了经济学评价。经济学评价结果可以为政府政策

制定者是否开展此类干预项目提供依据。本研究中的社区干预试验依据类试验思想进行设计。

第二节　社区干预实验过程及评价

一、干预对象

将基线调查时的4个街道办事处随机分为两组：干预组和对照组，每组包括一个城市街道和一个农村街道办事处。其中，山大路和王舍人街道办事处为对照组，全福和鲍山街道办事处为干预组。采用与基线调查时相同的抽样方法从每个组中各抽取1 200名调查对象，合计2 400名。

二、干预方法

干预以社区为单位，分别于2015年5～8月高温热浪期间，在全福和鲍山街道实施"高温热浪响应和适应措施"，具体实施过程见流程图（图7-1），具体的综合干预措施如下。

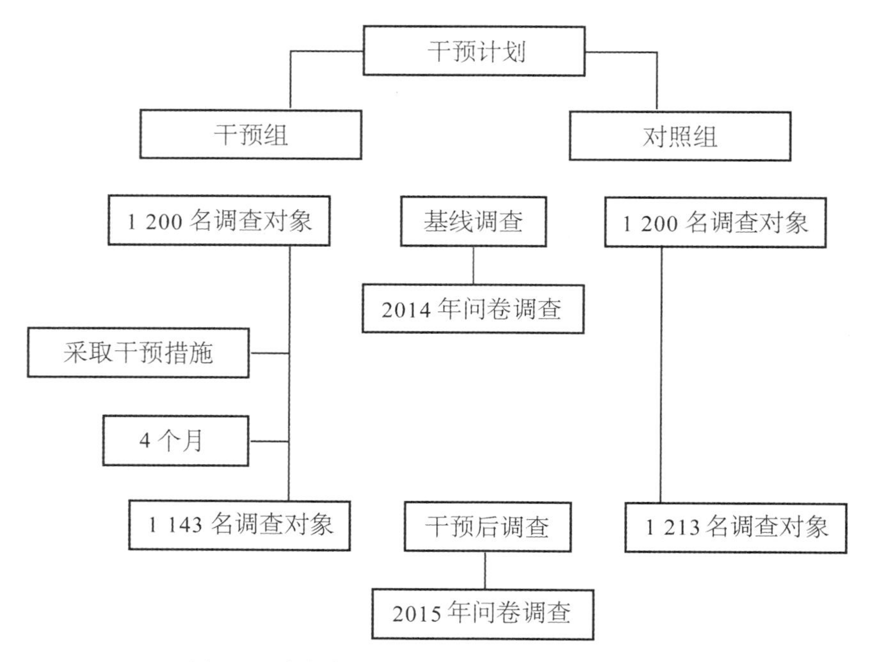

图7-1　济南市历城区高温热浪干预研究现场设计

（一）成立高温热浪领导小组

由中国CDC、山东大学公共卫生学院、历城区CDC、历城区街道办事处共同组建领导小组。领导小组办公室设在历城区CDC，负责具体业务指导和管理，其余单位协助处理各项事务。领导小组负责在干预组社区成立以主任为组长、社区医生和社区居委会负责人共同参与的"高温热浪适应措施"委员会，并制定社区委员会工作职责。

（二）制定干预措施

根据基线调查结果，邀请相关领域专家召开论证会，结合文献中相关高温热浪的适应和干预措施、基线调查结果及专家意见形成切实可行的、针对历城区的具体的高温热浪干预措施。该措施涵盖干预组所有居民，同时兼顾高危人群和高危环境因素。具体干预措施如下。

1. 开展多层健康教育培训

采取参与式和讲座式相结合的培训方式，小组成员在干预社区选择居民骨干及社区医生，组成健康教育宣传小组，由课题组专家先对宣传骨干、社区医生进行高温热浪适应措施的健康教育培训，再逐渐扩展到由社区医生、居民骨干利用健康教育课对居民进行健康教育培训。

2. 构建灵活多样的传播载体

根据社区居民对高温热浪预防知识的需求，小组精心印制了宣传海报、宣传折页，并保证发放率及覆盖率达100%。与此同时，他们还专门制作宣传片，每周在相关社区组织循环播放。

3. 传播自身经验教训

小组成员不定期走进社区，通过社区骨干向居民发放健康教育材料，一有机会就发动居民骨干、医务人员现身说法，介绍应对高温热浪的经验。

4. 搭建多种信息平台

小组集中人力、物力和财力建起高温热浪微信公共号和电话服务热线。工作人员时刻关注天气预报，在高温热浪来临前，通过信息平台不定期发布预警信息，24小时开通的高温热线也随即运行。

（三）制订终期评估方案

干预调查与基线调查方法一致，均采用相同的调查问卷、问卷收集方式、质量控制措施等。于2015年9月进行干预后调查，目的是收集干预措施执行后的两组居民的知、信、行水平及热相关疾病患病率变化等指标。

三、统计分析

计量资料进行正态性检验，根据检验结果采用 t 检验及方差分析。计数资料采用 x^2 检验进行率、构成比差异分析。干预措施的有效性评价采用双重差分模型(DID)，干预措施的经济学评价采用成本效果分析(CEA)和成本效益分析(CBA)。

（一）DID模型

DID分析是计量经济学中评价公共政策或项目干预效果应用最广泛的定量分析方法之一。本研究基于非条件logistic模型的DID模型，通过比较干预组和对照组居民热相关疾病患病率和知、信、行水平改变的差值评价干预措施的有效性。DID分析的基本思想如下。

对照组和干预组分别进行了两次调查：基线和干预后调查，以 y 表示干预效果，依据时间先后将数据划分为4组，具体表示方式如表7-1所示：

表 7-1　双重差分方法分析干预效果

分组	基线	干预后	D*	DID
干预组	y_{t_0}	y_{t_1}	$\Delta y_t = y_{t_1} - y_{t_0}$	$\Delta y_t - y_c$
对照组	y_{c_0}	y_{c_1}	$\Delta y_c = y_{c_1} - y_{c_0}$	

* D,干预前后差

数据分析阶段关键是构造双重差分估计量(DID estimator),然后依据数据类型和结局变量 y,选用对应的参数检验方法进行建模。DID 模型是在最小二乘法(Ordinary least squares,OLS)的基础上构建而成,其基本模型为:

$$y = \alpha + \beta t + \gamma d + \delta td + \varepsilon \tag{7-1}$$

式中:y 为结局变量;α 为常数项;ε 为模型残差;t 为时间虚拟变量,$t=0$ 为基线调查时研究对象;$t=1$,则为干预时期调查对象。时间虚拟变量的系数用于量化结局变量随时间改变的自然趋势效应。d 为分组虚拟变量,如果研究对象属于对照组,则 $d=0$;若研究对象属于干预组,则 $d=1$;样本间的差异效应用系数表示。交叉乘积项 $t*d$ 表示研究对象在干预施加前后的变化,用系数 δ 表示干预的实施效果。当分组变量和时间变量均取 1 时,$t*d$ 等于 1;当分组变量和时间变量有一个为 0 时,则 $t*d$ 都为 0。

当个体属于对照组时,即 $d=0$,结局变量 y 在干预实施前后的效果为:

$$y = \begin{cases} \alpha & (t=0) \\ \alpha + \beta & (t=1) \end{cases} \tag{7-2}$$

因此,对照组干预前后结局变量 y 的变化为 β。β 可以用来定量评价除去干预措施以外的因素所带来的影响。

当个体属于干预组时,即 $d=1$,结局变量 y 在干预实施前后的效果为:

$$y = \begin{cases} \alpha + \gamma & (t=0) \\ \alpha + \beta + \gamma + \delta & (t=1) \end{cases} \tag{7-3}$$

因此,干预组干预前后结局变量 y 变化为 $\beta+\delta$,干预的实际效果即"净效应"为$(\beta+\delta)-\beta$,即交叉乘积项的系数 δ。从 δ 的符号和显著性即可判断干预措施是否有效。

为了控制混杂变量对结果的影响,本研究利用偏相关方法排除混杂变量对干预评估效果的影响,将混杂变量作为协变量纳入 DID 的基本模型中,如(7-4)式所示:

$$y = \alpha + \beta t + \gamma d + \delta td + \beta_i x_i + \varepsilon \tag{7-4}$$

即为第 i 个混杂变量,通过其系数的正负性和显著性可以判断第 i 个混杂变量是否对结局变量产生影响,从而评价干预效果的有效性。

应用 Stata 统计软件进行 DID 模型检验分析。

(二) 成本效果分析(Cost-effectiveness analysis, CEA)

CEA 分析是测量和比较某项卫生干预措施的净成本与效果的(临床上或生命质量)的一种分析技术。CEA 常用的指标包括平均成本效果比(CER)和增量成本效果比(ICER)。CER 为每一效果单位所消耗的成本,CER=不同措施成本/相应效果,值越小说明干预措施方案就越有效。

ICER 是计算一种新干预手段较常规干预手段的相对成本和效果之差的比值,即每增加一个额外效果需要投入的成本。

$$ICER=(\Delta C_2-\Delta C_1)/(\Delta E_2-\Delta E_1)$$

式中：C_2、C_1 分别为干预项目和常规项目的花费，本研究中即指干预组和对照组的投入；E_2、E_1 为干预组和对照组的健康效果。

根据 WHO 关于药物经济学评价的推荐意见：ICER<人均 GDP，增加的成本完全值得；人均 GDP 小于 ICER 又小于 3 倍人均 GDP，增加的成本可以接受；ICER 大于 3 倍人均 GDP，增加的成本不值得。这是国外学者常用的策略优选方法计量法，即通过计量经济学模型开展总成本的参数估计和影响因素分析，也可直接计算 ICER 及相关的区间估计值。

(三) 成本效益分析(Cost Benefit Analysis, CBA)

CBA 分析是计算不同策略的人均全部预期成本(直接经济成本和间接成本)和人均全部预期收益，根据以上两个指标计算出不同方案的净效益(Net Benefit, NB)和效益成本比(Benefit-Cost Ratio, BCR)两指标。"NB=不同措施带来的效益－相应成本"一式，用来衡量某种干预措施的净效益。NB 为正值则为正效益，否则相反。"BCR=不同措施带来的效益/所需的成本"一式，表示在实施相应的干预措施时，每投入 1 元钱能得到多少收益。BCR>1，为正效益；反之，为负效益。BCR 的大小可作为不同干预措施优选的依据。

直接经济负担是指在疾病诊治及康复过程中直接消耗的多种费用，根据来源不同，可分为直接医疗费用和直接非医疗费用两部分。前者是指患者在进行医疗卫生诊治时消耗的各种医疗费用，通常包括住院费、药品费、挂号费等；后者是在医疗服务过程中不可避免相伴发生的费用，如交通费、食宿费、营养加强费和护工费等。直接经济负担具体、易测，为避免病人的回忆偏倚，多从医疗机构或病人保险系统获得。

无形经济负担又称社会费用，是以货币形式衡量疾病给患者及其亲属所带来的身体和精神上的痛苦、心理上的抑郁、悲伤及生活质量的降低，最终以有形方式进行衡量。无形经济负担多采用支付意愿法进行测算，此方法被《中国药物经济学评价指南》推荐。支付意愿法已在测算慢病、非典的无形费用中被采纳过。

本研究中直接成本采用的是门诊费用，考虑到中暑发病率极低，一般有不舒服就是去医院门诊拿药、输液等，因此只考虑门诊费用。从不同就诊层次来对其进行成本效益经济学评价：济南市医院门诊人均医疗费用 199.5 元、历城区医院门诊病人均医疗费用 209.2 元、历城区乡镇卫生院门诊人均医疗费用 62.4 元、历城区社区卫生服务中心门诊人均医疗费用 69.1 元。门诊费用主要包括药费、检查费、治疗费等。

(四) 敏感性分析

敏感性分析通过运用单项替代法对研究中各项目的成本参数进行变动，通过结果的变化，找出最优策略，评价干预措施是否有效。

所有的经济学分析均在 EXCEL 软件中完成。

四、结果

(一) 两次调查基本人口学特征描述

1. 基线调查和干预调查基本人口学特征情况

基线调查(2014 年)和干预调查(2015 年)问卷回收有效率分别为 93.3%(2 240/2 400)和 98.1%(2 356/2 400)(表 7-2)。

表 7-2　2014 年(基线调查)和 2015 年(干预后调查)调查样本含量

分组	2014		2015	
	干预组	对照组	干预组	对照组
全部对象	1 140	1 100	1 143	1 213
城市	462	571	510	599
农村	678	529	633	614

由图 7-2 可知,干预后调查的对象中较高收入的人群明显高于基线调查时的人群,差异有统计学意义($x^2=29.245,P<0.01$)。在年龄、性别、户籍、文化程度方面,两次调查不存在统计学差异,说明前后两组数据可比性较好。

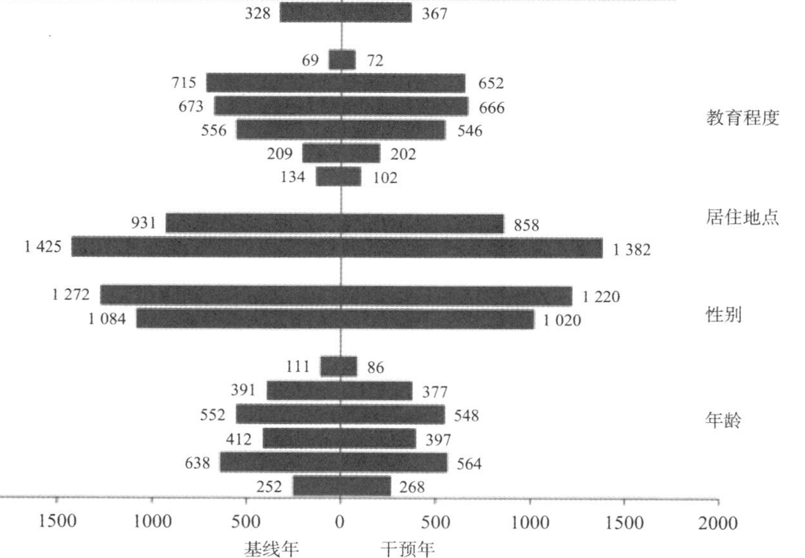

图 7-2　不同年份居民一般人口学特征比较

2. 不同分组的人口基本信息比较

由表 7-2 可见,两次调查对照组居民 2 313 人(50.32%),干预组居民 2 283 人(49.68%),差异无统计学意义。其中,基线调查时对照组和干预组人数为 1 100 和 1 140

人，干预组分别为 1 213 和 1 143 人。对照组居民的平均年龄(43.19±16.94)岁高于干预组居民(43.87±16.29)岁，差异无统计学意义($t=-1.391, P=0.164$)。

将居民的婚姻状况分为已婚、未婚、丧偶、离婚，采用 x^2 检验结果可见(表 7-3)：两组的婚姻分类构成比有统计学差异($x^2=18.421, P<0.01$)。全部调查者中 67.2%的居民其工作状态为在职。将工作划分为有工作、无工作、离退休、学生四类，这四者的职业构成有统计学差异($x^2=48.206, P<0.001$)。

表 7-3　对照组和干预组 4 596 名调查对象的基本人口学特征情况

分组		对照组 n(%)	干预组 n(%)
年龄(岁)	15—24	305(13.2)	215(9.4)
	25—34	589(25.5%)	613(26.9)
	35—44	388(16.8)	421(18.4)
	45—59	533(23.0)	567(24.8)
	60—74	400(17.3)	368(16.1)
	≥75	98(4.2)	99(4.3)
性别	男	1 046(45.2)	1 058(46.3)
	女	1 267(54.8)	1 225(53.7)
居住地点	城市	1 340(57.9)	1 467(64.3)**
	农村	973(42.1)	816(35.7)
教育程度	文盲或半文盲	125(5.4)	111(4.9)
	小学	206(8.9)	205(9.0)
	初中	548(23.7)	554(24.3)
	高中	654(28.3)	685(30.0)
	大学	688(29.7)	679(29.7)
	研究生及以上	92(4.0)	49(2.1)
婚姻状况	未婚	401(17.3)	294(12.9)**
	已婚	1 787(77.3)	1 871(82.0)
	离异	115(5.0)	109(4.8)
	寡居	10(0.4)	9(0.4)
职业状况	在职	1 529(66.1)	1 558(68.2)**
	无职业	284(12.3)	216(9.5)
	退休	280(12.1)	380(16.6)
	学生	220(9.5)	129(5.7)

（续表）

分组		对照组 n(%)	干预组 n(%)
月收入（RMB）	2 000～3 000	559(24.2)	443(19.4)**
		866(37.4)	789(34.6)
	3 000～5 000	635(27.5)	746(32.7)
	5 000～10 000	212(9.2)	260(11.4)
	>10 000	41(1.8)	45(2.0)

* $P<0.05$，** $P<0.01$

两次调查中共有 558 个居民家庭人均月收入在 5 000 元以上。将人均月收入由低至高排序，经 Mann-Whitnay 秩和检验发现：干预组的人均月收入优于对照组，两组的差别有统计学意义（$x^2=6.274$，$P<0.01$）。调查的两组对象，均是城市户籍多于农村户籍，且差异有统计学意义（$x^2=19.329$，$P<0.01$）。年龄、性别、文化程度在两组之间无统计学差异（$P<0.05$）。整体上来说，干预组和对照组两组数据可比性较好。

（二）居民高温热浪 K、A、P 水平及热相关疾病患病率变化情况

1. 不同分组居民干预前后知、信、行均值比较

对照组 2 313 名居民高温热浪知、信、行总得分结果显示：最低分 2 分，最高分 17 分，仅有 4 人的知、信、行总分评分满分（0.2%）。其中，知识的平均分为 5.29±1.49，态度的平均分为 3.76±0.95，行为的平均分为 3.01±0.88，知、信、行总平均分为 12.06±2.25。干预组 2 283 名居民高温热浪知、信、行总评分后结果显示：调查对象最低得分 2 分，仅有 16 人的知、信、行评分满分（0.7%）。其中，知、信、行及知、信、行总分平均分分别为 5.46±1.45、3.87±0.93、3.10±0.79 和 12.44±2.16。

对照组和干预组不同亚组居民在不同调查年份的高温热浪知、信、行得分均值见表 7-4。可见，对照组中 2015 年知识和态度得分均值低于 2014 年，而干预组中结果相反。两组中 P 值得分均升高，2015 年得分均值大于 2014 年。为了更直观地比较不同人口学特征居民干预前后知、信、行均值的变化情况，我们分别计算了对照组居民和干预组居民干预前后的知、信、行差值（Difference value，D-vaule），并计算了两组的净差值（Net Value）。差值为干预后调查得分减去干预前即基线得分；净差值等于干预组差值减去对照组差值。由图 7-3 可见，对照组中不同人口学特征居民的知、信、行差值大多为负值，说明 2015 年居民的知、信、行水平较 2014 年偏低。对于干预组来说，结果相反，干预之后大多数亚组居民的知、信、行水平提高。图 7-3 中红色数字表示两组差值比较有统计学意义的亚组。两组知、信、行差值统计检验结果表明大多数亚组的差值改变均有统计学意义，且净差值大于 0，说明干预后干预组的知、信、行均值的增加大于对照组。男性和女性知识水平净差值为 0.47 和 0.29，且差值在两组间有统计学意义。对于行为水平在两组亚组人口中比较发现，只有 60～75 岁老年人、不同户籍居民、无职业人群及收入水平为 483～805 美元的居民差值具有统计学差异（$P<0.05$）。

表 7-4　干预组和对照组居民不同年份的知信行水平得分

变量	K_C		K_I		A_C		A_I		P_C		P_I	
	2014	2015	2014	2015	2014	2015	2014	2015	2014	2015	2014	2015
	mean±SD	mean±SD	mean±SD	mean±SD	mean±SD	mean±SD	mean±SD	mean±SD	mean±SD	mean±SD	mean±SD	mean±SD
年龄(岁)												
15～25	5.73±1.39	5.57±1.52	5.52±1.69	5.56±1.38	3.69±0.93	3.68±0.97	3.67±0.93	3.76±0.94	3.01±0.91	2.94±0.87	2.77±0.91	2.96±0.95
25～35	5.60±1.42	5.32±1.51	5.45±1.49	5.70±1.45	3.71±0.89	3.57±0.99	3.73±0.97	3.82±0.89	3.03±0.89	2.94±0.84	2.99±0.78	3.04±0.78
35～45	5.37±1.59	5.33±1.44	5.48±1.46	5.65±1.50	3.87±0.89	3.58±0.98	3.84±0.91	3.88±0.88	3.00±0.88	3.13±0.78	3.19±0.78	3.19±0.72
45～60	5.29±1.41	5.01±1.45	5.25±1.37	5.41±1.42	3.85±0.94	3.80±0.98	3.97±0.83	4.03±0.96	3.00±0.93	3.06±0.88	3.09±0.75	3.21±0.81
60～75	5.03±1.42	5.06±1.57	5.08±1.39	5.52±1.35	3.97±0.89	3.83±0.97	3.94±1.03	3.98±0.92	2.84±1.04	3.14±0.79	3.11±0.81	3.21±0.70
75＋	4.79±1.63	4.79±1.35	4.75±1.47	5.69±1.16	3.91±0.83	3.95±1.01	3.75±1.11	3.80±0.88	3.02±0.85	2.95±0.95	3.08±0.98	3.33±0.62
性别												
男	5.49±1.38	5.26±1.57	5.41±1.43	5.65±0.41	3.78±0.92	3.62±1.00	3.78±0.94	3.81±0.93	2.88±0.93	2.96±0.82	2.94±0.85	3.10±0.82
女	5.26±1.54	5.19±1.44	5.28±1.51	5.51±1.42	3.86±0.90	3.75±0.97	3.88±0.93	3.98±0.90	3.05±0.92	3.09±0.84	3.15±0.76	3.19±0.74
户口												
城市	5.42±1.47	5.36±1.37	5.39±1.47	5.64±1.43	3.91±0.87	3.76±0.97	3.88±0.88	3.95±0.91	3.08±0.86	3.07±0.83	3.09±0.80	3.23±0.75
农村	5.26±1.48	5.05±1.57	5.26±1.48	5.44±1.38	3.70±0.95	3.61±1.00	3.76±1.03	3.82±0.92	2.82±1.01	3.00±0.84	2.98±0.83	2.99±0.79
教育水平												
文盲或半文盲	4.74±1.48	4.85±1.67	4.51±1.59	5.14±1.64	3.82±0.88	3.48±1.11	3.61±1.29	3.95±0.89	2.89±0.89	2.97±0.99	2.87±1.01	3.11±0.79
小学	5.02±1.48	4.77±1.50	5.08±1.44	5.33±1.35	3.72±0.99	3.58±0.96	3.95±0.93	3.76±1.06	2.75±1.08	2.92±0.88	3.09±0.82	3.12±0.75
初中	5.02±1.46	4.93±1.51	5.16±1.38	5.29±1.51	3.86±0.96	3.77±1.05	3.86±0.95	3.87±0.90	2.84±1.01	3.04±0.83	3.01±0.85	3.15±0.77
高中	5.38±1.41	5.09±1.52	5.41±1.43	5.58±1.34	3.87±0.88	3.82±0.98	3.85±0.92	3.89±0.94	3.09±0.86	3.07±0.84	3.09±0.75	3.17±0.82
大学	5.75±1.46	5.68±1.30	5.59±1.50	5.93±1.26	3.80±0.90	3.61±0.92	3.78±0.90	3.99±0.84	3.06±0.87	3.05±0.79	3.06±0.80	3.14±0.75
研究生及以上	6.00±1.14	5.93±1.42	5.57±1.77	5.85±2.00	3.79±0.76	3.54±0.87	4.00±0.76	3.62±1.11	3.11±0.94	3.04±0.74	3.14±0.75	3.14±0.79

（续表）

变量	K_C		K_I		A_C		A_I		P_C		P_I	
	2014	2015	2014	2015	2014	2015	2014	2015	2014	2015	2014	2015
	mean±SD	mean±SD	mean±SD	mean±SD	mean±SD	mean±SD	mean±SD	mean±SD	mean±SD	mean±SD	mean±SD	mean±SD
婚姻状况												
未婚	5.62±1.48	5.63±1.50	5.47±1.61	5.57±1.47	3.63±0.94	3.62±0.97	3.68±0.94	3.74±0.97	2.93±0.95	2.91±0.89	2.76±0.87	2.94±0.92
已婚	5.34±1.45	5.17±1.47	5.34±1.44	5.60±1.41	3.86±0.89	3.72±0.98	3.87±0.92	3.94±0.89	2.99±0.93	3.07±0.82	3.11±0.78	3.17±0.75
寡居	5.02±1.60	4.81±1.48	4.86±1.52	5.29±1.32	3.96±0.91	3.61±1.04	3.76±1.21	3.63±1.08	3.04±0.87	2.96±0.75	3.05±0.86	3.24±0.74
离异	4.00±2.28	2.75±3.20	4.66±1.96	4.33±2.08	3.66±1.36	2.50±1.73	4.16±0.40	4.33±1.15	2.33±1.03	3.00±0.81	3.00±0.63	2.66±1.52
职业												
在职	5.41±1.49	5.20±1.49	5.38±1.47	5.6±1.44	3.81±0.92	3.64±0.98	3.82±0.94	3.87±0.92	2.96±0.95	3.05±0.84	3.07±0.77	3.12±0.78
无业	5.21±1.33	4.80±1.60	5.05±1.48	5.38±1.46	3.76±0.89	3.77±1.06	3.76±1.00	3.71±0.97	2.94±0.86	2.94±0.82	2.95±0.88	3.22±0.75
退休	5.10±1.45	5.27±1.22	5.12±1.34	5.62±1.28	4.01±0.86	4.05±0.90	4.09±0.86	4.14±0.81	2.99±0.93	3.18±0.70	3.23±0.76	3.29±0.65
学生	5.63±1.48	5.90±1.43	5.69±1.62	5.50±1.50	3.71±0.86	3.61±0.94	3.66±0.89	3.76±1.03	3.10±0.87	2.95±0.89	2.70±1.01	2.73±1.10
月收入($)												
＜322	5.15±1.52	5.09±1.61	5.35±1.35	5.39±1.40	3.83±0.94	3.69±1.11	3.83±1.01	3.87±1.03	2.88±1.00	3.01±0.79	2.98±0.85	3.19±0.78
322～483	5.36±1.45	5.09±1.51	5.06±1.58	5.50±1.45	3.82±0.93	3.75±0.95	3.87±0.87	3.91±0.87	2.95±0.96	3.04±0.86	2.99±0.82	3.06±0.84
483～805	5.57±1.44	5.47±1.40	5.51±1.36	5.71±1.34	3.84±0.87	3.63±0.92	3.78±0.95	3.93±0.91	3.09±0.83	3.04±0.86	3.11±0.78	3.22±0.73
805～1 610	5.35±1.54	5.22±1.37	5.80±1.46	5.60±0.37	3.79±0.87	3.73±0.97	3.87±0.96	3.81±0.88	3.03±0.79	3.06±0.78	3.24±0.76	3.12±0.66
＞1 610	5.56±1.09	5.84±1.70	5.56±1.41	5.40±2.50	3.87±0.80	3.40±1.15	3.72±1.06	3.90±1.07	3.06±0.90	3.16±0.85	3.16±0.55	3.25±0.96
均数	5.36±1.48	5.23±1.51	5.34±1.48	5.58±1.42	3.83±0.91	3.70±0.99	3.84±0.94	3.91±0.92	2.98±0.93	3.04±0.84	3.06±0.81	3.15±0.78
KAP 总得分	12.17±2.25	11.96±2.25					12.24±2.17	12.64±2.12				

* K_C,A_C,P_C分别对照组K、A、P得分；K_I,A_I,P_I分别为干预组K、A、P得分。

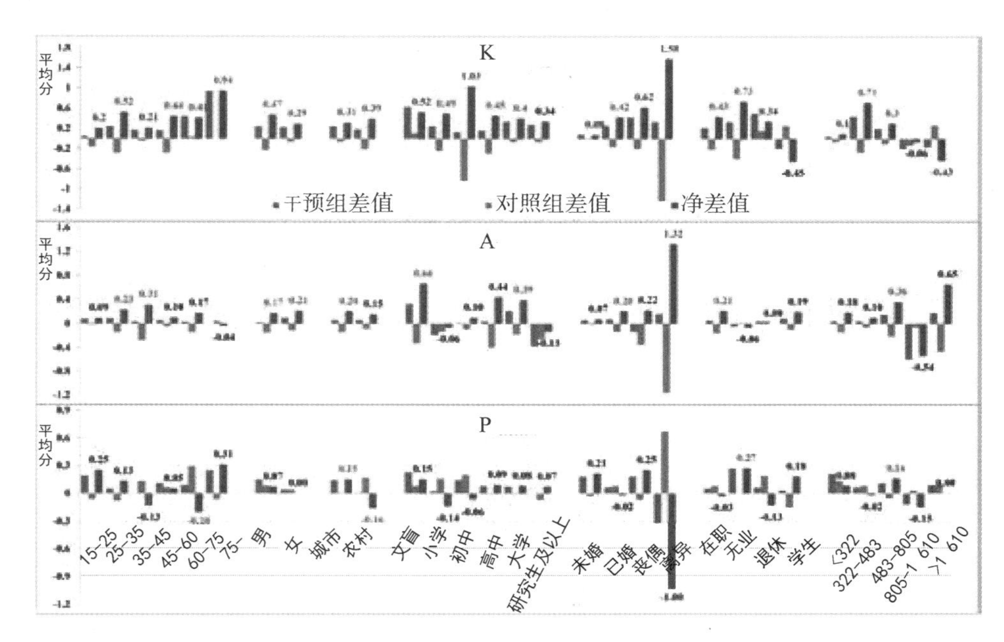

图 7-3　各亚组人群的 K、A、P 净差值
（灰色数字表示差异有统计学意义）

2. 不同分组居民干预前后热相关疾病患病率比较

表 7-5 为干预组和对照组对象在基线调查和干预后调查时的热相关疾病患病率及差值情况。就干预组调查对象而言，不同职业人群在干预前后热相关疾病患病率存在统计学意义；干预之后，各职业的热相关疾病患病率均下降，并且幅度较大。其余亚组居民热相关疾病患病率在干预前后变化没有统计学意义，但是整体上各指标均较干预之前降低。比较各亚组人群基线年与干预年患病率差值的变化，除小学及离婚居民的热相关疾病患病率升高外，其余亚组居民患病率均降低。60 岁以上居民的发生率降低了 11.7%，差异有统计学意义（$x^2=8.036$，$P=0.005$）。有职业居民发生率也降低了 9.6%（$x^2=19.431$，$P<0.001$）。

对照组居民在干预前后，热相关疾病患病率在不同的人口学变量中均不存在差异。基线调查时，硕士及以上文化程度居民患病率为 27.3%，而干预之后患病率下降到 6.3%，差值为 21%，前后患病率变化有统计学意义（$x^2=7.435$，$P=0.006$）。75 岁以上居民、小学文化水平及收入在 805～1610 美元的居民，干预年前后热相关疾病发生率升高，但差异无统计学意义。

对照组中 35～44 岁居民热相关疾病患病率由 2014 年的 21.9%降低为 2015 年的 17.8%，但差异无统计学意义（$P>0.05$）。与对照组结果相比，干预组 35～44 岁调查对象的患病率降低了 10.5%，差异有统计学意义（$x^2=6.00$，$P=0.014$）。2014 年，女性在对照组和干预组的患病率分别为 19.5%和 25.9%；干预后进行调查对照组女性患病率为 16.6%，干预组为 15.7%，净差值为 7.3（$P=0.002$）。

表7-5 对照组和干预组调查对象热相关疾病患病情况

基本特征		对照组			干预组			D值	
		2015%(N)	2014%(N)	*P*	2015%(N)	2014%(N)	*P*	对照组	干预组
年龄(岁)	15—24	14.4(24)	18.1(25)	0.33	11.8(150)	25.4(33)	0.234	3.7(−4.6,12.1)	13.6(2.7,24.5)*
	25—34	17.4(56)	23.9(64)		16.7(53)	25.0(74)		6.5(−0.1,13.0)	8.3(1.9,14.7)*
	35—44	17.8(39)	21.9(37)		20.2(39)	30.7(70)		4.1(−3.9,12.1)	10.5(2.1,18.9)*
	45—59	16.0(43)	22.7(60)		17.7(50)	29.2(83)		6.7(0,13.4)*	11.5(4.6,18.5)*
	60—74	16.5(31)	21.7(46)		13.8(28)	25.5(42)		5.2(−2.5,13.0)	11.7(3.6,19.7)*
	≥75	16.3(8)	14.3(7)		19.4(12)	29.7(11)		2.0(16.6,12.5)	10.3(−7.1,2.8)
性别	男	16.5(91)	24.4(121)	0.166	18.0(96)	29.3(154)	0.106	7.9(3.1,12.8)*	11.3(6.2,16.4)*
	女	16.6(110)	19.5(118)		15.7(96)	25.9(159)		2.9(1.3,7.1)	10.2(5.6,14.6)*
户口	城市	15.0(101)	22.0(147)	0.459	17.2(129)	27.8(199)	0.713	7.0(2.9,11.2)*	10.6(6.4,14.9)*
	农村	18.5(100)	21.2(92)		16.1(63)	26.8(114)		2.7(−2.3,7.7)	10.7(5.1,16.3)*
教育水平	教育	12.9(9)	12.7(7)	0.077	15.6(10)	14.9(7)	0.085	−0.2(−12.1,11.9)	−0.7(−14.5,13.1)
	水平	26.3(26)	29.0(31)		20.0(22)	22.1(21)		2.7(−9.6,15.1)	2.1(15.3,26.6)
	初中	20.6(59)	21.1(55)		16.0(43)	29.1(83)		0.5(−6.3,7.3)	13.1(6.2,20.1)*
	高中	15.8(54)	21.8(68)		19.9(66)	28.8(102)		6.0(0,12.0)*	8.9(2.4,15.3)*
	大学	13.6(50)	20.6(66)		13.8(48)	27.2(90)		7.0(1.3,12.5)*	13.4(7.4,19.4)*
	研究生及以上	6.3(3)	27.3(12)		14.3(3)	35.7(10)		21.0(6.2,35.9)*	21.4(−4.0,46.8)

（续表）

基本特征		对照组			干预组			D值	
		2015%(N)	2014%(N)	P	2015%(N)	2014%(N)	P	对照组	干预组
婚姻状况	未婚	17.3(37)	20.9(39)	0.784	9.6(11)	23.3(42)	0.244	3.6(−4.1,11.3)	13.7(4.7,22.6)*
	已婚	16.2(151)	21.7(186)		17.1(163)	28.3(259)		5.5(1.9,9.1)*	11.2(7.4,14.9)*
	寡居	18.8(12)	23.5(12)		22.5(16)	28.9(11)		4.7(−10.4,20.0)	6.4(−10.9,23.7)
	离异	25.0(1)	33.3(2)		66.7(2)	16.7(1)		8.3(−6.7,8.4)	−50(−127.4,27.4)
职业状况	在职	17.8(145)	23.1(165)	0.116	19.2(145)	28.8(231)	0.009	5.3(1.3,9.3)*	9.6(5.3,13.8)*
	无业	14.5(24)	15.3(18)		13.6(16)	24.5(24)		0.8(−7.6,9.2)	10.9(0.5,21.3)*
	退休	13.5(15)	21.9(37)		11.8(27)	26.3(40)		8.4(−0.9,17.7)	14.5(6.7,22.2)*
	学生	14.0(17)	19.2(19)		9.5(4)	20.7(18)		5.2(−4.7,15.0)	11.2(−2.8,25.1)
月收入#	<322	21.9(58)	25.9(76)	0.609	26.8(45)	26.9(74)	0.311	4.0(−3.1,11.1)	0.1(−8.4,8.7)
	322—483	16.8(77)	20.8(85)		16.2(61)	30.8(127)		4.0(−1.3,9.1)	14.6(8.6,20.4)*
	483—805	13.8(47)	20.7(61)		14.4(64)	23.9(72)		6.9(1.1,12.8)*	9.5(3.9,15.1)*
	805—1610	12.8(16)	11.5(10)		16.4(22)	26.2(33)		−1.3(−10.3,7.7)	9.8(−0.2,19.7)
	>1610	12.0(3)	43.8(7)		0.0(0)	28.0(7)		31.8(5.1,58.3)*	28(7.3,48.7)*

*: $P<0.05$. CI, 可信区间 (Confidence Interval)

95% CI,95%可信区间, #1$=6.681RMB

图 7-4 为对照组与干预组居民患病差值及净差值变化结果。通过比较两组差值可知，干预组大多数居民热相关疾病患病率降低值高于对照组。不同特征居民其热相关疾病患病率净降低值不同，其中女性、农村居民、初中教育水平居民、未婚者的患病率降低值高于同一亚组内其他类别的居民($P<0.05$)。

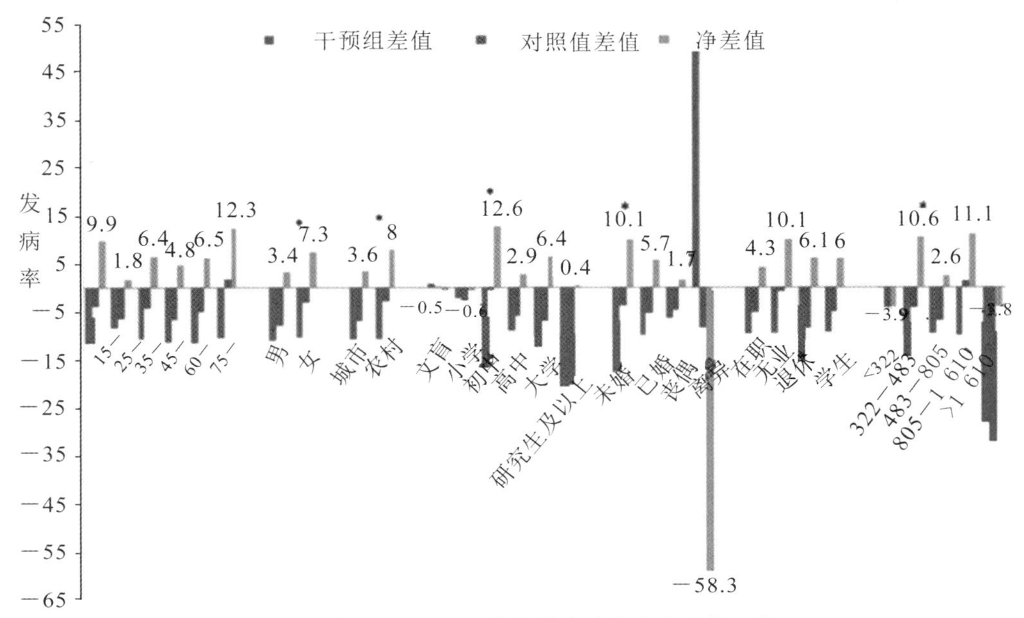

图 7-4　干预组和对照组热相关疾病患病率差值比较

(三) DID 模型评价干预措施效果

1. 评价干预措施对居民知、信、行的影响

模型评价结果发现干预措施与居民知、信、行得分成正比(表 7-6)。在 Model Ⅰ中，实施干预措施居民的知识均值可以提高 0.37，且有统计学意义。当控制年龄、性别、婚姻状况等混杂因素时，由 ModelⅡ结果可见干预措施与知识得分的相关性仍有统计学意义($\beta=0.387$，$P<0.001$)。对因变量态度和行为进行评估结果表明，执行高温热浪干预措施可以提高二者的水平，但是行为的增加无统计学意义($\beta=0.009$，$P>0.05$)。

2. 评价干预措施对居民热相关疾病患病率的影响

非条件 logistic-DID 模型评估干预项目对不同地区、不同人口学特征居民热相关疾病患病率影响的结果见表 7-7。干预组执行干预措施一年后，居民热相关疾病患病风险降低(OR=0.745，95%CI：0.557，0.997)。当控制相关混杂变量后，干预效应对结局变量的影响无统计学意义。为了深入分析其中的原因，我们从城市和农村两个水平分别评价干预措施对居民热相关疾病患病率的影响。研究发现，干预措施对城市居民患病率的影响无统计学意义(OR=1.281，$P>0.05$)；相反，农村居民在执行干预措施后热相关疾病患病风险降低且有统计学意义(OR=0.495，$P<0.001$)。

表 7-6　干预对居民热相关 K、A、P 得分的影响:DID 评估

变量	K		A		P	
	Model Ⅰ (SE)	Model Ⅱ (SE)	Model Ⅰ (SE)	Model Ⅱ (SE)	Model Ⅰ (SE)	Model Ⅱ (SE)
时间	−0.137 8*	−0.141 2*	−0.130 8***	−0.108 7**	0.058 7	0.067 4
	(0.061)	(0.060)	(0.039)	(0.039)	(0.035)	(0.035)
分组	−0.020 7	−0.026 0	0.010 4	0.024 3	0.075 3*	0.076 2*
	(0.062)	(0.061)	(0.040)	(0.040)	(0.036)	(0.035)
分组 * 时间	0.374 0***	0.387 4***	0.197 7***	0.166 0**	0.037 3	0.009 2
	(0.049)	(0.087)	(0.085)	(0.056)	(0.055)	(0.050)
性别		−0.057 5		0.131 7***		0.167 0***
		(0.043)		(0.028)		(0.025)
年龄		−0.001 7		0.084 2***		0.046 8***
		(0.021)		(0.014)		(0.012)
教育程度		0.210 1***		0.062 0***		0.061 0***
		(0.023)		(0.015)		(0.013)
户籍		−0.082 4		−0.102 8***		−0.113 0***
		(0.047)		(0.031)		(0.027)
婚姻状况		−0.124 5*		−0.023 0		0.054 5
		(0.06)		(0.039)		(0.034)
职业		0.030 8		0.031 0 *		−0.007
		(0.023)		(0.015)		(0.013)
收入		0.036 2		−0.021 0		0.031 1*
		(0.023)		(0.015)		(0.013)
常数	5.364 5***	4.881 2***	3.829 1***	3.295 9***	2.980 0***	2.324 3***
	(0.044)	(0.215)	−0.028	(0.139)	(0.025)	0.124
N	459 6	459 6	459 6	459 6	459 6	459 6
R^2	0.008	0.050	0.007	0.028	0.005	0.032
调整 R^2	0.007	0.048	0.006	0.026	0.005	0.030

* SE=标准误差. * $P<0.05$, ** $P<0.01$, *** $P<0.001$

表 7-7　干预对居民热相关疾病患病率的影响:DID 评估

自变量	因变量					
	患病率(总)		患病率(城市)		患病率(农村)	
	Model Ⅰ	Model Ⅱ	Model Ⅰ	Model Ⅱ	Model Ⅰ	Model Ⅱ
时间	0.715** (0.581,0.881)	0.727** (0.589,0.898)	0.512*** (0.378,0.693)	0.538*** (0.395,0.734)	0.982 (0.732,1.317)	0.974 (0.724,1.310)
分组	1.363** (1.123,1.654)	1.350** (1.110,1.642)	1.058 (0.794,1.408)	1.016 (0.757,1.364)	1.698*** (1.295,2.225)	1.756*** (1.333,2.314)
分组*时间	0.745* (0.557,0.997)	0.769 (0.573,1.033)	1.209 (0.781,1.869)	1.281 (0.820,2.002)	0.493*** (0.331,0.732)	0.495*** (0.331,0.740)
性别		0.859* (0.741,0.997)		0.863 (0.690,1.078)		0.848 (0.693,1.036)
年龄		1.094 (0.721,1.659)		1.217 (0.637,2.324)		1.054 (0.609,1.824)
教育程度		1.105 (0.705,1.731)		1.047 (0.616,1.781)		1.223 (0.502,2.979)
户籍		0.952 (0.809,1.119)		1.140 (0.873,1.490)		0.871 (0.705,1.074)
婚姻状况		1.228 (0.432,3.497)		3.006 (0.681,13.261)		0.560 (0.109,2.853)
职业		0.915 (0.559,1.496)		1.122 (0.567,2.216)		0.723 (0.342,1.526)
收入		1.141 (0.632,2.064)		1.364 (0.641,2.904)		0.932 (0.348,2.491)
常数	0.277*** (0.240,0.320)	0.043 (0.000,9.111)	0.310*** (0.255,0.375)	0.001* (0.000,0.835)	0.245 (0.197,0.303)	2.028 (0.000,8756.264)
N	459 6	459 6	214 2	214 2	245 4	245 4
R—调整	0.012	0.024	0.011	0.035	0.014	0.025

括号中为 95% CI. * $P<0.05$, ** $P<0.01$, *** $P<0.001$

(四)经济学评价

1. 经济学评价参数来源

本研究中用于经济学评价的参数来源见表7-8。

表7-8 济南市历城区高温热浪期间干预措施策略评价参数来源

参数	数据来源	基线值及灵敏度分析上、下限的确定方法	研究作用
干预措施费用	2015年现场干预费用	基线值为干预现场花费,下限值为基线值向下浮动50%,上限值为基线值向上浮动100%确定	未采取任何额外措施情况下干预措施的成本
门诊费用	2014年山东省卫生统计年鉴	基线值为门诊费用,下限值为基线值向下浮动50%,上限值为基线值向上浮动100%确定	热相关疾病带来的直接医疗费用
居民可支配收入	2014年国民经济和社会发展统计公报	基线值为农村和城市居民人均可支配收入的平均值,下限值为基线值向下浮动50%,上限值为基线值向上浮动100%确定	热相关疾病带来的直接非医疗费用(陪护费)
贴现率(%)	专业常用	结合WHO组织及公共卫生项目贴现率确定	为模型提供成本贴现参数

2. CEA分析

(1)干预材料等费用。

实施干预需要准备许多材料,包括材料印刷费、干预人员劳务费、专家费等等。这是必须花费的成本,具体见表7-9。其中,干预组和对照组样本含量取了两次调查平均数,分别为1 140和1 150。由此样本含量及患病率计算得到的两次调查减少的患病人数分别为122(10.7%)、59(5.1%)人。后面计算的成本及效益均是采用的此人口及患病数据。

表7-9 干预组实施干预额外费用支出

类型	费用(元/人)	合计(元)
印刷费	0.8	912
社区工作人员劳务费	400	1 200
社区医生劳务费	400	1 200
专家咨询费	800	2 400
政府补贴[a]	5	5 700
合计		11 412(5 706,22 824)[b]

[a] 干预组和对照组均有;[b] ( )中分别为下限和上限;对照组政府投入5 750(2 875,11 500)元。

(2)参数为实际值时的成本效果分析。

参数取实际值时的干预措施的成本、效果、CER及ICER值详见表7-10。从表7-10

中可以看出，每减少一位患者，对照组不采取措施和干预组采取措施两种方案的成本分别为97.5元和93.5元，干预组花费低于对照组。同时，干预组相比于对照组来说，随着成本的增加，减少的患者数也在增加。ICER结果表明，干预组相对于对照组来说，额外减少一例患者的平均成本为89.9元。ICER<人均GDP(74 991元)，增加的成本完全可以接受。因为此次研究时间短，仅为相隔一年，因此结果分析时未考虑贴现率。

表7-10　两种方案的成本效果分析

组别	成本(C)/元	效果(E)/例	CER	ICER
对照组(1 150)	5 750	59	97.5	
干预组(1 140)	11 412	122	93.5	89.9

(3) 敏感性分析。

参数取下限和上限时两种策略的成本、效果、CER及ICER值变化见表7-11至表7-13。将政府投入、干预措施投入(去除政府投入)分别变动为上限值、下限值，分析两种策略的CER、ICER的变化。结果见表7-11和表7-12。从表7-11可知，当政府投入取下限值时，对照组CER低于干预组，但ICER很小，仅为89.9示例，故仍认为干预组的方案是可取的；同理可见表7-12，取上限为参数值，仍以干预组策略为优。

其余取值时，与参数取基线值时相比，无论参数取上限值还是下限值，仍以干预组的策略为优，CER、ICER变化不大。

表7-11　只改变政府投入，参数变为下限、上限

组别	上限		下限	
	对照组(1 150)	干预组(1 140)	对照组(1 150)	干预组(1 140)
成本(C)/元	2 875	8 537	11 500	17 112
效果(E)/例	59	122	59	122
CER	48.7	70.0	194.9	140.3
ICER	89.9		89.1	

表7-12　只改变干预费用，参数变为下限

组别	上限		下限	
	对照组(1 150)	干预组(1 140)	对照组(1 150)	干预组(1 140)
成本(C)/元	5 750	8 556	5 750	7 124
效果(E)/例	59	122	59	122
CER	97.5	70.1	97.5	140.4
ICER	44.5		18.5	

表 7-13　干预费用和政府投入同时变化

组别	上限		下限	
	对照组(1 150)	干预组(1 140)	对照组(1 150)	干预组(1 140)
成本(C)/元	2 875	5 706	11 500	22 824
效果(E)/例	59	122	59	122
CER	48.7	46.8	194.9	187.1
ICER	44.9		179.7	

3. CBA 分析

因为干预措施减少了相关疾病的发病率，因此所得效益即为减少的相应成本。本研究未考虑无形成本。首先，无形成本不易定量化，所获得结果也不稳定；其次，本研究中无法获得无形成本。由于开始设计问卷未考虑到成本效益分析，因此许多指标都根据经验或常识来确定。

(1) 干预效益分析。

① 直接医疗服务效益。

由于没有获得高温热浪期间因高温而就诊的病人的门诊及住院费用，因此，本研究采用 2014 年山东省卫生统计年鉴人均门诊费用作为参考，同时取不同的上限、下限值进行敏感性分析。每位患者采用不同水平的门诊费用标准进行分析。根据一般经验，大多数热相关疾病患者通常拿药后便自行离开，不需要进行住院。因此，减少的直接医疗服务成本即效益，本研究仅仅包括门诊费用(表 7-14)。还应注意的是，高温热浪会使许多慢性疾病的死亡率、发病率增加，因此这一部分的成本等各种费用未计算进去，所以实际计算的成本可能是偏低的。

表 7-14　热相关疾病患者的门诊经济负担(单位:元/例，年)

医院类型	门诊费用(元)	住院费用(元)
省市医院	199.5	7 283.0
历城区医院	209.2	6 886.4
历城区乡镇卫生院	62.4	2 594.6
社区卫生服务中心	69.4	

② 间接效益。

本研究计算陪护者和患者的损失。由于疾病较轻，我们按照每位患者需要一位陪护，请假时间均按 1 天来计算。工资标准依据 2013 年城市居民可支配收入和农民人均纯收入的平均值计算，工资标准(元/天)＝(35 647.6＋13 247.6)/(2 * 22 * 12)＝92.6 元/天。

③ 合计总效益。

本研究中,已知直接效益和间接效益,我们可以求得干预组和对照组的总效益及上下限,具体见表 7-15。

表 7-15 热相关疾病患者的合计效益(单位:元/例)

医院类型	直接效益(元)	间接效益(元)	合计效益(元/例)	对照组合计效益(元/例)	干预组合计效益(元/例)
省市医院	199.5	92.6	292.1 (146.1,584.2)	17 233.9 (8 616.9,34 467.8)	35 636.2 (17 818.1,71 272.4)
历城区医院	209.2	92.6	301.8 (10.9,603.6)	17 806.2 (8 903.1,35 612.4)	36 819.6 (18 409.8,73 639.2)
历城区乡镇卫生院	62.4	92.6	155 (77.5,310)	9 145 (4 572.5,18 290)	18 910 (9 455,37 820)
社区卫生服务中心	69.4	92.6	162 (81,324)	9 558 (4 779,19 116)	19 764 (9 882,39 528)

(2) CBA 分析。

① 参数为基线值的 CBA 分析结果。

参数取基线值时两种策略的成本、效益、NB、BCR 值以及优选顺序详见表 7-16。对于这两种策略,不论在什么层次的医疗水平,NB 值均大于 0,说明这两种方案均是可取的。接下来比较 BCR,BCR 大者,方案更优。由表 7-15 可见,在相同的医疗水平上均是采取干预措施的干预组 BCR 值高于未采取干预措施的对照组的取值,因此由 NB、BCR 可知采取干预策略是可取的。

表 7-16 参数为基线值的成本效益分析结果

	省市医院		历城区医院		历城区乡镇卫生院		社区卫生服务中心	
	对照组	干预组	对照组	干预组	对照组	干预组	对照组	干预组
成本(元)	5 750	11 412	5 750	11 412	5 750	11 412	5 750	11 412
效益(元)	17 233.9	35 636.2	17 806.2	36 819.6	9 145	18 910	9 558	19 764
NB(元)	11 483.9	24 224.2	12 056.2	25 407.6	3 395	7 498	3 808	8 352
BCR	3.00	3.12	3.10	3.22	1.59	1.66	1.66	1.73
优选顺序	2	1	2	1	2	1	2	1

② 敏感性分析。

选取成本和效益两个参数作为敏感性分析变量，探讨在其他条件均不改变的情况下，升高或降低其成本或效益时，对干预措施成本效益的影响。在其他条件均不改变的情况下，设定两种策略成本分别为上限 2 875 和 5 706，BCR 波动范围（表 7-17）。此时，NB 均为正，且 BCR 依然以干预组为高。

表 7-17　成本参数为基线值的 50％时，成本效益分析结果

	省市医院		历城区医院		历城区乡镇卫生院		社区卫生服务中心	
	对照组	干预组	对照组	干预组	对照组	干预组	对照组	干预组
成本（元）	2 875	5 706	2 875	5 706	2 875	5 706	2 875	5 706
效益（元）	17 233.9	35 636.2	17 806.2	36 819.6	9 145	18 910	9 558	19 764
NB（元）	14 358.9	29 930.2	14 931.2	31 113.6	6 270	13 204	6 683	14 058
BCR	5.99	6.24	6.19	6.45	3.18	3.31	3.32	3.46
优选顺序	2	1	2	1	2	1	2	1

当成本增加为基线时的两倍，即分别为 11 500 和 22 824 时，NB 和 BCR 变化较大，见表 7-18。当以乡镇卫生院和卫生服务站水平计算效益时，效益低于成本，此时 NB＜0，说明成本大于效益，方案不可取。BCR＜1，也说明效益小于成本，方案不可取。这说明：当投入成本较大而疾病所对应的门诊等费用较低时，从经济学角度来看，是不可取的。

表 7-18　成本参数为基线值的两倍时，成本效益分析结果

	省市医院		历城区医院		历城区乡镇卫生院		社区卫生服务中心	
	对照组	干预组	对照组	干预组	对照组	干预组	对照组	干预组
成本（元）	11 500	22 824	11 500	22 824	11 500	22 824	11 500	22 824
效益（元）	17 233.9	35 636.2	17 806.2	36 819.6	9 145	18 910	9 558	19 764
NB（元）	5 733.9	12 812.2	6 306.2	13 995.6	−2 355	−3 914	−1 942	−3 060
BCR	1.50	1.56	1.55	1.61	0.79	0.83	0.83	0.86
优选顺序	2	1	2	1	1	2	1	2

由图 7-5 可清楚地看出，随着成本的升高，两种策略的 BCR 呈下降趋势，并且不同水平的医疗系统，其 BCR 值差异较大。

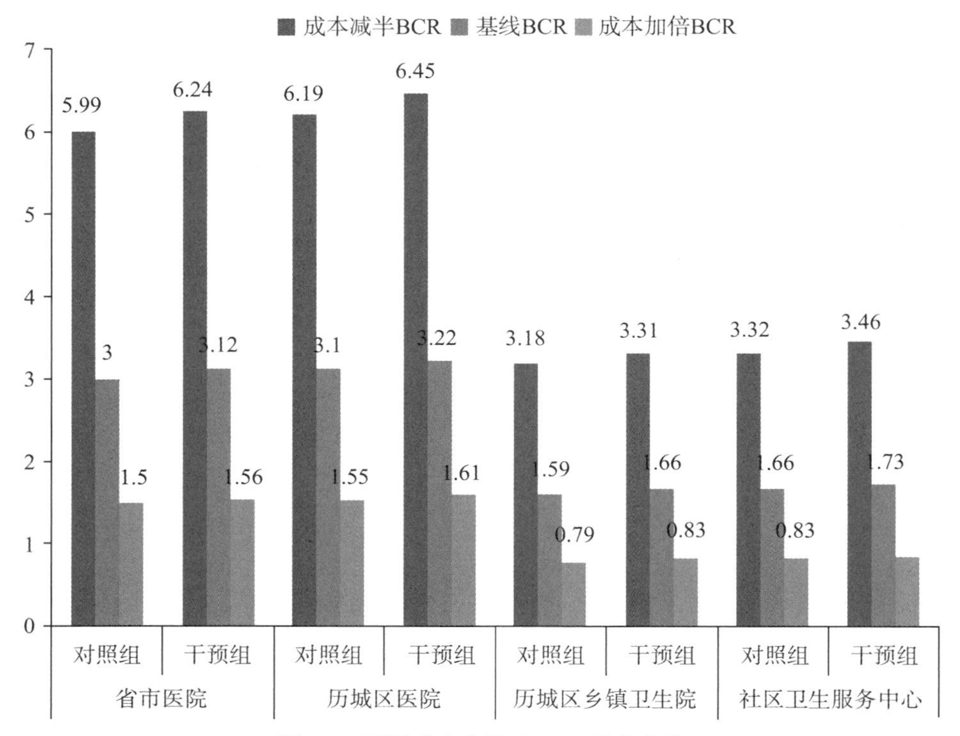

图 7-5　不同成本参数时 BCR 取值变化

效益减少为基线时的两倍，NB 和 BCR 变化较大。当以乡镇卫生院和卫生服务站水平计算成本效益时效益低于成本；此时，NB＜0，说明成本大于效益，方案不可取。BCR＜1，也说明效益小于成本，方案不可取。这说明，当投入基线成本时，效益较低，从经济学角度来看，是不可取的（表 7-19）。

效益增加为基线时的两倍，NB 和 BCR 变化也较大。此时，NB 大于 0，BCR 大于 1，且干预组均大于对照组，说明干预策略是可取的（表 7-20）。

由图 7-6 可以看出，随着效益的不断增加，BCR 是呈不断上升趋势的；随着医院级别的提高，BCR 的值也是差距越来越大。

由敏感性分析结果可知，成本越低或者效益越高，NB、BCR 取值越大，所产生的经济学效益越明显。由于我们的效益成本是估计的，因此需要确切知道干预措施带来的效益。通过实际数据，得出真实而有效的干预措施的经济学评价结果，从而判定干预措施实施的实际意义及带来的经济学效益具有重要的意义。

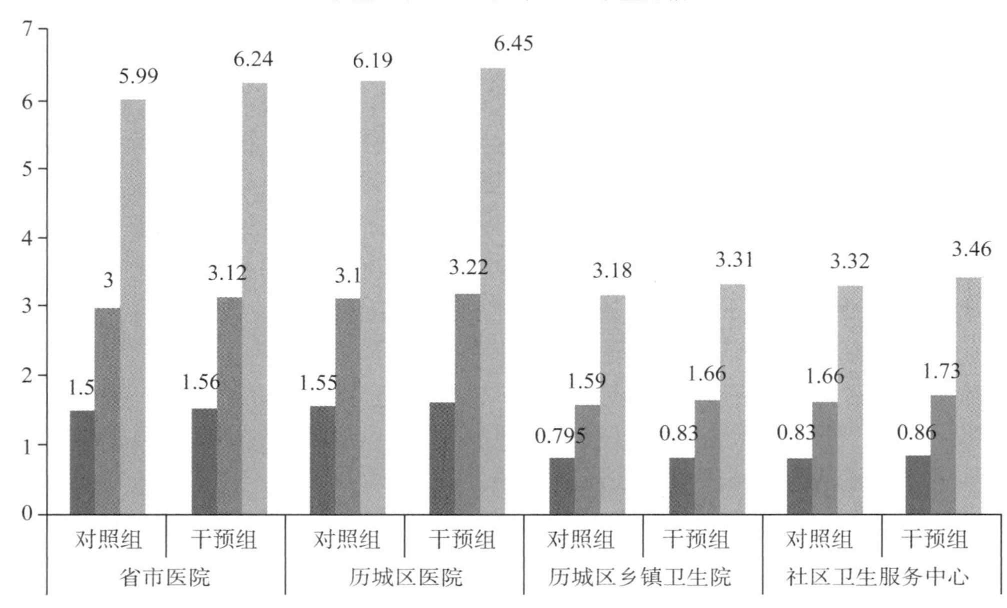

图 7-6　效益参数取不同值时 BCR 的变化

表 7-19　效益参数为基线值的 50％时成本效益分析结果

	省市医院		历城区医院		历城区乡镇卫生院		社区卫生服务中心	
	对照组	干预组	对照组	干预组	对照组	干预组	对照组	干预组
成本(元)	5 750	11 412	5 750	11 412	5 750	11 412	5 750	11 412
效益(元)	8 616.95	17 818.1	8 903.1	18 409.8	4 572.5	9 455	4 779	9 882
NB(元)	2 866.95	6 406.1	3 153.1	6 997.8	−1 177.5	−1 957	−971	−1 530
BCR	1.50	1.56	1.55	1.615	0.795	0.83	0.83	0.86
优选顺序	2	1	2	1	1	2	1	2

表 7-20　效益参数为基线值的两倍时成本效益分析结果

	省市医院		历城区医院		历城区乡镇卫生院		社区卫生服务中心	
	对照组	干预组	对照组	干预组	对照组	干预组	对照组	干预组
成本(元)	5 750	11 412	5 750	11 412	5 750	11 412	5 750	11 412
效益(元)	34 467.8	71 272.4	35 612.4	73 639.2	18 290	37 820	19 116	39 528
NB(元)	28 717.8	59 860.4	29 862.4	62 227.2	12 540	26 408	13 366	28 116
BCR	5.99	6.24	6.19	6.45	3.18	3.31	3.32	3.46
优选顺序	2	1	2	1	2	1	2	1

第三节　社区干预研究试点引起的思考

自然试验往往较难保证干预组和对照组间在样本上的完全随机分配。这也是当前评估较大范围的公共卫生政策或干预研究所面临的问题。自然试验中，干预组和对照组样本在干预实施前后可能存在事前差异，若仅仅通过前后对比或横向对比可能会忽视这种差异，从而导致对干预效果不准确的估计。本研究中，我们采用DID模型对干预前后得到的数据进行分析，通过模型设置来控制干预组和对照组样本前后的事前差异，从而将干预措施的真正效果评估出来。为了推断干预措施和居民知、信、行水平及其与患病率变化之间的因果关系，本研究结合类试验和社区干预试验思路进行现场干预设计，主要设计思想为将研究对象分为两组，即干预组和对照组，调查两组研究对象热相关疾病患病和知、信、行的基线水平，实施干预结束后重新收集两组研究对象的相关资料并进行比较分析。类试验已经被广泛应用到社区居民行为干预研究中。类似研究还有许多，如评价街道照明的影响以及出行方式试验等。

本研究首次从流行病学角度和经济学角度对高温热浪干预措施效果进行评价。流行病学指标包括居民知、信、行水平及热相关疾病患病率的改变。双重差分分析结果显示，干预措施可以提高居民知、信、行水平，降低热相关疾病患病率。经济学评价从CEA分析和CBA分析着手，结果均表明干预项目以较低的成本获得了较大的效果和收益。因此我们的干预措施是有效的、值得推广的。

在本调查中，干预组实施干预措施后，其知、信、行得分均升高，并且知识和态度的变化具有统计学意义，而行为值虽有增加却没有统计学意义。本次问卷中仅有4道题目用于评价行为水平变化且多为公众普遍认知的题目。这可能会导致对照组和干预组居民在两次调查中回答正确率差异变化不大。下一步应在广泛查阅文献的基础上，重新制定更有针对性、区分性的问卷，进一步全面合理评价高温热浪干预措施的效果。明确高温热浪敏感人群可以提高干预措施的有效性。先前的研究已经发现高温热浪对女性的影响较男性大，这可能与女性对压力事件的承受能力较弱有关。本研究中，干预组女性的知识和态度均值差高于对照组，且差异有统计学意义；同时，干预措施执行后女性热相关疾病患病率较大程度减少。这都说明高温热浪干预措施可以有效地减少高温热浪对女性群体的危害。但也有研究指出，男性是高温热浪的敏感人群，这与广州市开展的一项高温热浪调查结果一致。这提示我们，高温热浪期间同样应关心男性群体的健康。

在济南市实施的干预项目提高了居民的知识和风险认知水平。Grothmann等研究发现知识可以驱动行为的改变，Nigatu等人研究也发现拥有积极应对气候变化的态度可以更好地促使行为发生改变。采取适应行为是减少热相关疾病患病风险的重要因素。之前的基线研究结果指出，高的风险认知和高的行为水平可以降低患病风险。本研究还发现，干预措施不但提高了居民的知识和风险认知水平，也有效降低了其患病率。据此我们推断，丰富的知识和积极应对高温热浪风险的态度都可以促进居民采取积极的适应行为，最终减少热相关疾病患病的风险。

现有研究指出，高温热浪增加了老年人尤其是75岁以上老年人的死亡风险；但是，相当一部分老年人并不认为高温热浪会对他们造成影响，不认为自己是高温热浪脆弱人群。这与我们的研究结果一致。在我们的研究中，干预组老年人态度水平的改变与对照组没有明显差异，说明干预措施没有提高老年人风险意识。这可能有以下几方面原因：首先，公众对高温热浪的危害认识不足，而导致风险认知水平较低；其次，知识可以改变态度。老年人常通过电视、报纸等传统媒体获取知识，对于信息量大的、信息更新及时的互联网等新兴媒体不熟悉，可能不能及时了解、掌握高温热浪相关信息而忽视了其对自身健康的影响。老年人尤其是患有慢性基础性疾病、独居的群体，更是高温热浪的敏感人群。未来研究应着重探讨如何提高老年人群风险认知水平，力争将高温热浪对老年人群的不利影响降到最低。

根据职业分类发现，学生的知、信、行水平变化不大，干预组学生知识差值相对于对照组低。由于干预措施在社区开展，所以许多学生因住校或者大多数时间在学校而使得干预措施得不到有效执行。这可能是学生知、信、行水平变化不大的原因。埃塞俄比亚开展的一项横断面研究结果指出，环境专业的学生相比于其他专业的学生有更高的健康风险认知。经过系统、专业的学习后，这些学生能更加清楚地意识到气候变化对人群健康的影响，从而更愿意采取适当行为来保护自己。这给我们一个启发，应在学生的学习过程中开设气候变化相关课程，将气候变化的起因、危害、减缓及如何适应等知识传授给学生，通过提高学生自身的风险认知、知识水平及行为能力，促使他们积极主动地应对高温热浪等极端天气带来的危害。

城市居民的受教育水平往往高于农村，且城市居民在高温热浪期间采取的适应措施较农村更及时、更全面。而超出我们预期的是，干预措施并没有有效降低济南市城市居民热相关疾病患病率。城市热岛效应是城市发展带来的副产物，其可以增加居民患病风险。一个可能的原因是热岛效应对城市居民健康的危害大于干预措施对居民健康的保护作用，最终表现为干预措施对城市居民健康没有影响。因此，这提示我们为更加有效地应对城市热岛效应带来的危害，需要采取更加强有力的措施，如加强政府在城市发展中的作用，植树造林，改善建筑结构以减少热量吸收，控制人口增长速度等，通过多种措施的结合来减少城市热岛效应的加剧。女性、教育水平较低和收入较低的调查对象热相关疾病患病率下降幅度较大，说明干预项目可以有效地保护这些高温热浪脆弱人群。

干预措施的有效性评估不仅从生理适应方面，也应从社会经济角度入手。当前相当数量的类试验研究仅仅从流行病学角度评价了干预措施的有效性，而未收集经济学评价方面的证据。Campbell等人认为评价干预措施的经济学效果是十分必要的。本研究中干预组实施了四个月的干预项目，研究对象平均成本为9.5元，总体说这笔花费是相当低的。更重要的是，干预组的成本 CER 值低于对照组，这说明干预组减少一例热相关疾病患者的成本低于对照组。因此，干预措施是有效的。为了提供更多的经济学评价证据，本研究计算了需要较少参数即可计算的 ICER 值。结合敏感性分析结果，ICER 为 44.5～184.8 元，即每额外减少一例热相关疾病患者需要投入的成本为 44.5～184.8 元。ICER 值远远低于当年人均 GDP(74 991 元)，因此认为增加这些投入是值得的。

【本章小结】

本研究对居民知、信、行水平改变、热相关疾病患病率变化及经济学指标进行评价，结果均表明我们的干预措施是有效的、低成本高产出的。未来应从长时间尺度上验证干预措施的有效性，并在不同地区进行试点和推广，最终制定出一套整体上统一又因地制宜的高温热浪干预机制。

第八章　当前国际高温热浪适应和干预措施汇总

第一节　前　言

根据政府间气候变化专门委员会(IPCC)的第五次评估报告可知,气候变暖是毋庸置疑的。在1880年到2012年期间,全球平均气温已经增加了(0.8±0.2)℃。在全球变暖的背景下,近几十年来的气候变化是前所未有的,极端事件如热浪、洪水、森林火灾、冰层融化等的发生频率也在不断增加。

世界范围内的热浪事件正变得更频繁、更强烈、更持久。全世界许多的研究报告指出,热浪和死亡率之间呈现明显的相关关系。2003年,在整个欧洲国家,热浪导致了7 000多例的死亡。2006年夏季,加利福尼亚持续两周的热浪造成至少140人死亡。2010年,美国魁北克地区因高温热浪导致的死亡率增加了33%。

研究发现,热浪对人类健康有重大影响,尤其是对儿童、老年人、慢性病患者和流浪者等弱势群体。高温可以引起热痉挛、热衰竭、热刺激等一系列疾病的发生,危害人类健康,而且对生态系统和人类社会系统也有影响。例如,城市热岛效应、能量需求、建筑设计、水质等许多问题都与高温热浪有着重要的联系。由于城市人口的增加以及植被与绿地面积的减少,在当前乃至未来的气候环境下,城市人口对热变化将更加敏感。研究发现,城市热岛效应是引起更强的热浪和增加热相关死亡率的主要原因。热浪也会导致一些传染性疾病比如疟疾、登革热的发生。在更高纬度的湿热气候地区、高海拔以及当前疟疾发生地的边缘地带,疟疾发病率会有所提高。

为了消除热浪的持续性威胁,采取一些措施保护人类健康和生态系统稳定势在必行。适应和减缓策略可以有效降低气候变化带来的危害。我们有证据表明,到21世纪末,全球变暖将产生严重、广泛和不可逆转的影响。然而,到目前为止,已经发表的研究都主要专注于适应策略或者减缓措施上,很少同时关注两者的共同效应。因此,通过研究来获得关于如何控制热浪对人群健康影响的全面概述是符合时代要求的。本章综述目的:① 概括当前解决高温热浪不良影响的适应策略;② 总结当前应对高温热浪效应的缓解措施;③ 强调适应和减缓措施对促进抵抗高温热浪危害的重要性。

第二节 检索策略和标准

本研究使用 Pubmed、Science Direct 和 Web of Science 等主要电子数据库，检索关于热浪、适应和减缓的相关文献。基本的检索使用了美国国家医学图书馆的医学主题标题术语和关键字：Heatwave、Adaptation、Mitigation、Intervention 和 Practice。检索文献限定于 1980 年 1 月 1 日至 2015 年 6 月 30 日发表的英文文献；然后检查每一篇文章的参考文献，从而获取在最初搜索电子数据库中遗漏或未识别的其他文章。纳入文献标准包括：① 英文文章；② 热浪作为主要的暴露因素；③ 以适应或减缓策略作为文章的主要内容。

第三节 结果和讨论

在最初的检索中一共检索出 1 993 篇文献，最终 46 篇文献符合入选标准（图 8-1）。本研究中，我们分了适应措施和减缓策略两大模块，主题词"Pratice"相关的文献归为适应策略部分。通过分类后我们发现，尽管适应和减缓是相互作用的，但 37 项研究主要给出了适应措施，9 项研究主要给出了减缓策略，46 项研究的特点总结在了表 8-1。这些研究分别涉及不同的国家和地区，包括欧洲 16 篇文献、澳大利亚 14 篇文献、美国 6 篇文献、加拿大 6 篇文献、印度 1 篇文献、日本 1 篇文献、中国 1 篇文献和韩国 1 篇文献。表 8-2 总结了相关文献的研究特点，包括作者、研究区域、特殊人群、关键词和主要内容。

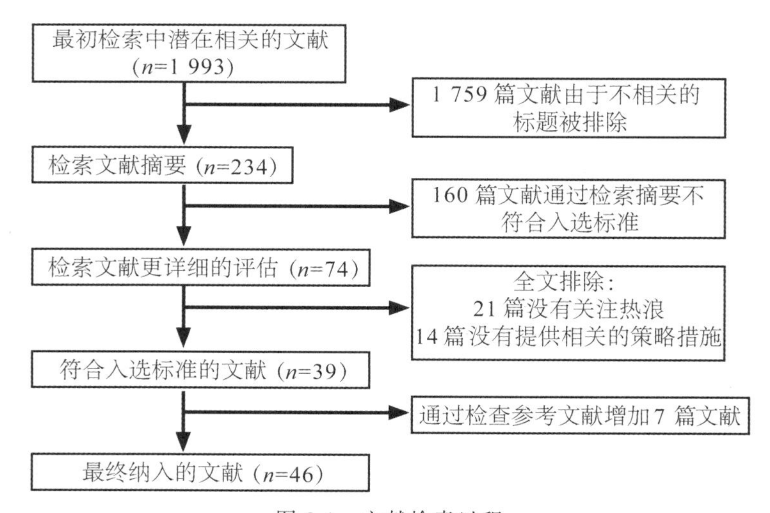

图 8-1 文献检索过程

表 8-1 汇总纳入文献的相关信息

作者	国家/地区(特殊人群)	关键词	主要内容
Gronlund,2014	密歇根,美国	热浪;易感性;绿地;社会人口学	通过植树计划增加城市植被,可能是一种有用的降低城市热岛效应的减缓策略
Stone,2014	美国	热浪;死亡率;适应;热岛效应	我们通过对三个大都市的研究发现,增加植被和反照率可以有效降低热相关的死亡率
Kakkad,2014	印度(新生儿)	新生儿;热浪;适应	在 2010 年 5 月的热浪之后,将医院内的产科病房从四层或最高层移到底层发现低温具有一定的保护效果
Nitschke,2013	南澳大利亚(老年人)	热浪;行为;知识	我们可以采取一些措施,如穿凉爽的衣服、减少体育活动、关闭百叶窗和窗帘,来减少热浪对老年人带来的不利影响
Akompab,2013	南澳大利亚(30～69 岁)	热浪;风险认知;适应性行为;健康信念模型	我们发现健康信念模式的两个结构是高温热浪期间适应行为的重要因子
Gomez,2014	西班牙(国内游客)	热浪;适应;旅游	游客能够自行改变对温度的适应能力
Xu,2014	全球(儿童)	热浪;儿童;发病率;死亡率	处理热浪的最佳方法是通过一级预防,这意味着首先要防止暴露在极端高温下,而不是治疗症状
Hansen,2011	澳大利亚(老年人)	热浪;健康知识;态度;实践;健康促进	由于健康状况不佳的老年人特别容易受到高温的影响,因此在高温时需要提供预防信息、加强保护行为

* 国家/地区,若是特殊说明则为一般人群。

表 8-2 汇总纳入文献的相关信息(续表)

作者	地区(特殊人群)	关键词	主要内容
Farbotko,2011	澳大利亚	热温度;健康的预防	住宅空调可以降低热事件带来的风险
Alberini,2012	加拿大	过热;热警报响应系统;热/健康观察/预警系统(HHWW)	媒体等途径可以提供大量关于热浪减缓策略的信息
Dianne,2011	欧洲	热浪;适应;早期预警系统;预防	早期健康预警系统的主要特点是及时准确的预警、特定的通信技术以及针对性的适应措施

（续表）

作者	地区（特殊人群）	关键词	主要内容
Martinez,2011	日本	热—健康行动计划；适应；热浪	关爱弱势群体；卫生和社会保健系统的准备工作；城市长期规划和温室气体减排；监督、监测和评价
O'Neill,2009	全球	热浪；健康的影响；适应	提供了几种预防热相关疾病的策略
Haines,2006	全球	气候变化；人类健康；易感性	公共卫生：公共卫生教育；健康预警系统；监测：加强对常规数据的健康监测，以便及早发现热浪，降低不利影响
Coris,2004	运动员	适应；脱水；锻炼；热温度；运动	限制环境暴露和密切监测人群体征和症状都是预防中暑的重要组成部分
Kosatsky,2009	加拿大	热；健康风险；知识；心脏衰竭	所研究的慢性病患者认为自己易受酷热的影响；对预防有信心，几乎所有人都采取推荐的保护行为
Kovats,2006	欧洲	早期预警；老年人；评估；热浪；中暑	热健康预警系统（HHWS）将公共卫生行动与极端天气的气象预报联系起来
Bernard,2005	提契诺瑞士（老人）	热；死亡率；救护车服务；老年人	在社会融合程度较低的人群中应当降低风险和减少孤立；建立一个可以用简单的遥控装置调用的家庭援助服务系统
Renate,2009	澳大利亚（老人）	热浪；老年人；热健康暖化系统	确定利益相关者；理解公众看法/信仰；宣传计划/策略及公众教育；推行 HHWS；系统的监测、评价和修订等
Porritt,2012	英国	热浪；住房；适应；改造；干预；建筑模拟	对遮阳、隔热、通风等一系列干预措施进行补充、完善或修改
Bittner,2013	欧洲（　　）	热浪；欧洲；适应；	需要强调列入和执行长期措施（例如城市规划和住房），并强调部门间合作对于实施这些计划的重要性

（续表）

作者	地区（特殊人群）	关键词	主要内容
Brian，2013	亚特兰大，乔治亚州	气候变化；适应；城市热管理	在亚特兰大的郊区，增强树冠林木覆盖面和增加建筑不透水层对城市核心地区分别产生了显著的降温和升温效应
Holmner，2012	英国和澳大利亚	气候变化；适应；缓解；全球变暖；电子健康	卫生部门实施减缓策略；不断变化的世界形势下的电子健康；应用电子健康是减缓气候变化的策略
Carmen，2015	英国	热浪；风险沟通；影响启发式；情绪；保护行为	热浪的知识、态度和行为相互影响
Yong，2012	韩国	气候变化；健康影响；政策方向	提出整合、协同和利用作为评估和适应气候变化对健康影响的政策方向的三个核心原则
Kravchenko，2013	欧洲	热浪；发病率；死亡率；脆弱的；改善策略	评估最易感人群；建立减少高温对公众健康影响的策略
Woodruff，2007	澳大利亚	热浪；风险；自适应	热浪预报（提前获取可利用的数据）、接触孤立的弱势人群以及进行热应激早期症状的社区教育，这些都可以大大降低热相关死亡率
Jay，2015	悉尼	极端高温事件；水合作用，气流	无论相对湿度如何，电扇都能降低临界空气温度；无论年轻人还是老年人，心血管的热应变能力都会升高
Price，2013	加拿大	酷热；监测系统；因高温引发的死亡率	监测系统为蒙特利尔公共卫生部门及其合作伙伴提供必要的信息，在夏季发生热浪时确定所需干预措施的级别
Toutant，2011	魁北克	极端气象事件；监测；预防	相关系统在热浪期间为卫生决策者提供非常有用的信息
Boyson，2014	英国（医务人员）	热浪；卫生人员；计划	提高认识和改善沟通可以帮助更好地将NHP整合到以医院为基础的医疗保健专业人员的临床实践中
Zuo，2015	澳大利亚	热浪；建筑环境；机制；顺应力	热浪的影响：健康、生态系统和人类系统；处理热浪的机制；对住宅建筑设计的启示
Ibrahim，2012	维多利亚（卫生专业人员和保健提供者）	调查；热浪；老年人；社区卫生服务；知识	尽管人们对热浪的危害有广泛的了解，但卫生专业人员和护理人员的被动应对，加上知识的匮乏，使维多利亚州的老年人在极端炎热的天气中无法降低原本可预防的危害

（续表）

作者	地区（特殊人群）	关键词	主要内容
Ibrahim，2015	维多利亚（老人）	健康保护；健康风险；热浪；知识；感知	尽量减少热浪对老年人伤害的一些措施
Abrahamson，2009	伦敦和诺维奇，英国	健康保护；健康风险；热浪；知识；感知	国家和地方层面应对热浪的策略
Xiang，2014	阿德莱德	热浪；天气；职业卫生；创伤和损伤；气候变化	预估未来极端炎热天气将会增加，有必要为脆弱工作群体制定相应的适应和预防措施
Cusack，2011	澳大利亚（护士）	临床政策；热应力；热浪；心理健康；护理实践；物质使用	护理的影响因素；设计热一安全行动；提高监测和评估；急救反应；备用药物
Leigh，2011	澳大利亚（老人）	热温度；老年人；虚弱的老人；初级医疗保健	全科医生需熟悉热浪管理计划，包括识别危险的老年患者；回顾和计划；教育；管理
Morabito，2012	佛罗伦萨	热浪；缓解；预防措施；热一健康预警系统	HHWS的发展可能有助于减轻目前热浪造成的死亡负担
Wanka，2014	奥地利	老龄化；城市热岛效应；适应策略；热	与利益相关方讨论总结减少老年人受伤害的可能措施
Kovats，2004	欧洲	气候；热浪；死亡率；评估	通过与地方卫生机构和气象部门之间的协调，制定的干预计划应适合当地的需要
Pascal，2012	法国	极端高温事件；预警系统；公共卫生；死亡率	除了设置阈值之外，与利益相关方一起研究预警系统的标准是最基本的步骤
Vandentorren，2006	法国（老人）	老年人；流行病学调查；热浪	热浪前应向老年人提供预防信息，并提出行为改变建议。环境措施应提倡改善旧建筑的保温隔热性能，设计建筑周围的绿色空间
Weisskopf，2002	威斯康星州，美国	热浪；炎热指数；热咨询	对管辖区领导、特定机构和公共/专业教育机构提出专业性要求
Liu，2013	广东，中国	风险知觉；热浪；适应行为；中暑；互动效果	对热浪较敏感人群和适应能力差的人可能更容易受到热浪的影响
Derick，2013	阿德莱德，澳大利亚	气候变化；热浪；人类健康的态度；调查	强调决策制定者和紧急服务提供者有必要在热浪前、热浪期间和热浪后适当利用媒体传播相关信息

一、易受热浪影响的人群

过去多项研究报告指出，人们面临的风险与热浪的强度和时间成正比。这些研究的一个核心内容是确定热浪的敏感人群(表 8-3)。现在急切地需要我们采取相应的措施来应对热浪。

表 8-3　高温热浪弱势群体

• 65 岁以上老年人，特别是 75 岁以上的独居人士或居住在敬老院的老年人； • 患有慢性病和严重疾病的人，如心血管疾病、糖尿病、呼吸系统疾病、肾功能不全或精神疾病的人群； • 不能保持冷静行为的人，如阿尔兹海默症患者、残障人士、认知障碍患者、躺在床上或轮椅上的病人； • 服用一些可能会影响机体热反应药物的人群； ☑ 控制血压或者心脏药物(受体阻滞剂) ☑ 抗抑郁或抗精神药物 ☑ 过敏药物(抗组胺药) • 有酗酒或者吸毒问题的群体； • 特殊人群：肥胖者、孕妇、婴儿、幼儿等等； • 环境因素：住在高层的人、无家可归的流浪者； • 过度暴露的人群：在炎热地区居住的人、户外活动者或高强度体力劳动者。

二、适应策略

应当制定更加全面、系统的适应策略，以减少高温热浪带来的不利影响。这些有效应对高温热浪的适应策略包括个人、社区、地方、国家和区域等不同层面。

(一) 个人层面

初级预防是个人层面应对高温热浪最好的方法，即防止暴露在热浪环境中而不是治疗症状。这对普通群众，尤其是弱势群体来说是非常重要的。初级预防指的是在热浪发生前、发生期间、发生后采取预防措施。它也包括关于热相关疾病的危险因素、疾病症状和处理方法的健康教育。应对策略是及时处理突发事件，详细说明见表 8-4。

表 8-4　个体层面的热适应策略

种类	个人热适应策略的描述
预防策略	
身体有关	穿凉爽的衣服；外出时穿浅色宽松衣物，戴上帽子
	补充充足水分(若被医生限制饮水，需确定在炎热环境中的需水量)
	通过冷水澡、湿布敷在脖子和面部等保持凉爽
	尽量避免酒精、茶和咖啡，它们会加剧脱水

（续表）

种类	个人热适应策略的描述
	识别风险个体；增加对高危人群的监控，并和他们保持联系
	关掉不用的电器；储备粮食、水和药物，这样你就不用在炎热的天气出门了
	少食多餐，多吃沙拉等冷餐；确保需要冷藏的食物妥善保存
	接受教育，积极学习有关热相关疾病的知识，并且及时处理热相关疾病
	在热浪期间及时通过多种途径获取相关信息
	关心健康状况，身体感到不适时，及时就医
户外	游泳
	减少户外活动
	外出时尽量避开一天中最热时刻，避免阳光下暴晒
	去阴凉地区（例如购物中心、图书馆或社区中心）
	请勿将儿童、老人或动物单独留在车内
	外出时随身带大量的水
	在所有外墙上涂上高性能的日光反射涂料
室内	使用空调、风扇等冷却设备
	安装百叶窗、遮阳棚或室外百叶窗，关闭房间内的窗帘
	当房间比外面凉快时，关好窗户
	晚上打开窗户通风
	增加内外墙的保温
热水肿	急救反应
	休息，四肢抬高，适应环境
热痉挛	停止活动，静静地坐在凉爽的地方；增加液体的摄入；活动前先休息几个小时；如果持续抽筋，寻求药物帮助
热昏厥	ABC's，冷静，休息，监控温度，口服液体
热衰竭	让患者躺在阴凉地，脱去外衣，用冷水或湿布降温；寻求医疗帮助
热射病	叫救护车；让患者躺在阴凉地，脱去外衣，用冷水或湿布降温；不断扇风；将无意识者安置好，清理呼吸道。

ABC＝气道，呼吸，循环

（二）社区层面

热浪对不同人群有不同的影响。大多数的研究关注一般人群的适应措施而非特定群体，如社区居民。以下为热浪期间针对社区层面的适应措施。

(1) 公众教育:通过电视、电台及传单等媒体进行宣传教育;提供避暑中心;提醒居民收看天气预报或发出预警警告并采取适当的措施。

(2) 社区工作者和医生的教育:基本教育服务;为所有社区居民量身定制关于热安全的行动计划;为预防疾病和死亡,定期检测每一位病人的健康状况;制定一系列切合实际的策略,降低对救护车、医院及其他医疗服务的影响;定期与公众沟通。

(3) 重点照顾弱势群体:收集关于高温热浪弱势群体的数据;定期访问或电话采访;定期重新评估健康状况。

(4) 24 小时热线:开通专用服务电话或者鼓励人们拨打现有的健康咨询电话。

采取以上的措施可以有效地避免热浪带来的不良后果。所有人都有责任提高他们在热浪时期的健康安全能力和应变能力。基本公共卫生服务也需要监测,当公众缺乏保护能力或资源时应立即进行干预。

(三) 地方层面

地方部门决策者应与相关部门工作人员例如社区负责人、应急部门工作人员、卫生保健提供者和居民合作。当地卫健委和疫病下属的委员会往往是制订解决方案和提供解决途径的最佳部门,所以当地政府最好将这些部门结合在一起。热一健康预防计划如若能从国家到地方各个层面都有效实施,就能发挥它的最大作用。该计划阐明了不同水平部门的责任。这不仅是为了在预警前及时提醒人们,也是为他们提供在热浪期间的应对措施及建议。

感知与热浪有关的风险可能会影响他们在热浪期间的行为。地方政府应该提高居民、管理者和卫生保健提供者与高温热浪相关的重大健康风险的意识。地方一级政府也需要加强公共教育。传播相关知识的方法有很多,包括被动方式(媒体、传单、网站、电台、报纸)和主动方式(SMS、电子邮件、电话)。Derick 发现媒体在为公众获取热浪信息方面发挥了重要作用,这可能会对政策产生影响。他强调当地工作人员需要适当利用这些方式在热浪之前、期间和之后传播信息。

在夏季,必须有足够的卫生保健提供者及时应对紧急事件。加强监测,获取卫生常规数据和热健康预警系统(HHWS)数据,对开展相关研究十分必要。健康保护局将监控来自殡仪馆、国民健康服务直拨电话和医生的电话数量,这些电话有助于评估人们的健康状况,并对服务的响应情况提供一些见解。HHWS 是预防热浪期间高温热浪对健康不利影响的工具,可以有效地避免相当一部分与高温热浪有关的疾病和死亡。HHWS 计划指南是整个系统中必不可少的,一般包括具体的干预措施、涉及的机构、每个部门的责任、传递信息的方式、紧急联系方式等;另外,还需要定期对该指南进行评估和修订。

(四) 国家和区域层面

从国家层面来讲,国家和区域的指导与地方和社区服务联系越紧密,国家层面的政策和措施发挥得可能就越有效、越有影响力。这一层面的适应将是整个公共卫生的总体责任。这一层面涉及几乎所有部门,包括应急服务、政府服务、非政府服务、行业委员会、地方议会和社区以及志愿组织等。每个部门都有明确的任务,并随时要做好协作和沟通服务，以确保各项工作的顺利完成。

（五）热相关预警系统

近年来，为了应对高温热浪事件的严重影响，目前世界各地已经引进了与热健康有关的系统：热健康预警系统（HHWS）。HHWS 已在美国、澳大利亚和意大利等国家和地区展开运用。例如，在加拿大 5 个城市开展了热警报响应系统（HARS）和热健康监测/预警系统（HHWW）。HHWS 覆盖了欧洲近一半国家和地区。尽管在不同国家。这些系统的名称不同，但是它们的实际功能是相似的（表 8-5）。

表 8-5　热健康相关系统的警戒级别和行动内容

警戒级别	有关部门在热浪期间采取的一些行动
正常	这一级的筹备工作将确保各部门的责任
	气象局将根据城市环境温度、湿度等发布区域阈值温度
	卫生署应准备及推行这项教育运动
	地方议会和社区将监测弱势群体和与热相关的疾病
警报	一旦未来几天温度达到足够高的阈值，就会触发这种反应
	气象局将通过电视和其他媒体向公众发布警报
	卫生署应加强监察和实施预防措施
	干预准备
行动	已经达到了高温阈值，并且这一阶段需要有针对性的行动
	市、区域和地方公共卫生部分应动员组织各方力量并实施干预措施
	气象局将继续监测和预报气温
	确保保护建议及时传达给私人和地方政府资助的护理机构、住院部和护理院的管理人员
	疾病预防控制中心将继续监测与热相关疾病的增加
应急	热浪是如此严重以至于影响了人们生活的许多方面
	所有上述程序也将继续进行
	将适用所有现有的紧急政策和措施
	我们将动用一切可用资源来应对这些风险。

这些与高温有关的卫生系统应易于操作，成本低廉，不应是劳动密集型的，并应考虑到当地需求和资源的可得性，以确保有效地降低高温热浪相关疾病的发病率和死亡率。同时，相关部门还需要对这些预警系统进行评估和修订，以便定期更新。因为减少热健康相关疾病带来的不利影响需要投入大量的财力，还需要预测可能带来的“狼来了”效应，因此提高预测的准确性是非常重要的。

（六）政策设置

在国家和地区层面，政府有责任为公众制定应对适应和减缓高温热浪的政策。美国、英国和韩国已经制定了与高温热浪相关的立法框架。在不同的国家，执行政策的手段是不同的。在英国，公共卫生适应政策已经从国家总体适应政策中分离出来。然而在韩国，气候变化适应政策依然作为国家政策问题被提出。因此，每个国家都需要结合自身条件和实际情况来实施这一政策。

与热浪相关的政策框架包括公共卫生与福祉、应急管理、未来行动、规划与环境法、地方政府法、所需技术和能力、支持政府决策的实用工具等。如今，政策制定者和社会行为者已经认识到，必须考虑气候变化适应性决策的政策。“全局思考，局部行动”也是很重要的。总之，政策制定应以科学综合的健康影响评估技术和对热浪环境因素的优先考虑为基础，开发简单、廉价的技术工具，使政策执行更加有效；同时，应针对当地社区具体脆弱性人群进行有针对性和重点地研究、开发。

（七）其他

有研究指出，大规模增加城市的反照率有望降低城市热岛效应（UHI）带来的影响。降低 UHI 影响的干预措施主要在减缓策略中列出，如屋顶绿化和冷屋面可以降低室内温度保护人类健康。在全市范围内屋顶绿化和冷屋面覆盖率达到一定比例时，可以有效地帮助降低整个社区或城市的温度。近年来越来越多应对热浪的新方法，如植被结合、土地利用和热分布图被提出，这些新方法也为应对高温热浪的危害提出了新的思路。此外，我们还可以根据居民收入和人口资料等有关因素建立空间地图，根据地图展示结果为如何合理进行资源分配提供依据。高温热浪期间，在许多国家用电量增加已成为一个亟须解决的问题。同样，水的消耗和水的卫生等也是高温热浪期间需要格外重视的社会问题。

三、减缓策略

高温热浪是一种持续的健康威胁，相关部门需要制定相关策略减少与热浪有关的破坏性影响。高温热浪的减缓措施也是这些策略中的一部分。基于各国环境因素、经济水平的不同，制定的减缓策略也有所不同。气温与温室气体排放（GHG）和 UHI 效应有着密切的关系。因此，减缓策略主要针对的是 GHG 和 UHI。

（一）UHI 减缓策略

UHI 受城市下垫面（大气底部与地表的接触面）特性的影响。城市内有大量的人工构筑物，如混凝土、柏油路面及各种建筑墙面等，改变了下垫面的热力属性。这些人工构筑物吸热快而热容量小，在相同的太阳辐射条件下，它们比自然下垫面（绿地、水面等）升温快，因而其表面温度明显高于自然下垫面。

（1）广泛的植被种植有可能显著缓解 UHI。

① 树木使城市的微气候变得更好。

② 树木可以通过冷却蒸发作用来降低环境温度。

③ 树木和所有其他植被有降低污染的作用。空气质量在高温下往往会恶化，并导致更多的健康问题。

④ 树木也有助于降低二氧化碳浓度。

(2) 增强反照率是降低 UHI 效应的有效途径。

① 安装冷屋顶的材料。

② 外墙涂有反光漆。

③ 减少城市的不透水覆盖。

(3) 住宅建筑设计也是缓解和适应气候变化的重要途径。

① 在大多数国家，建筑占能源消耗的 40%以上。

② 利用"自然散热器(如环境空气、地下水或土壤)通过夜间通风或热激活建筑系统(TABS)激活建筑的储热功能"是一种有效的热浪响应模式。

③ 还有一些与建筑有关的其他危险因素，如缺乏隔热、内部热获取、每层面积的窗户、建筑朝向等，都应予以考虑。

(二) GHG 战略

根据 IPCC 第五次评估报告，自前工业时代以来，人为温室气体的排放量一直在增加，并且现在比以往任何时候都要高。今后几十年大幅度减少温室气体排放量是有效控制气候变暖的重要措施，因此采取一些公平的行动来实现这一目标是必要且紧迫的，具体措施如下。

(1) 有效利用可再生能源。

(2) 被动式或低能耗的冷却、加热和通风策略。

(3) 增加新技术的使用，如电子健康档案。

(4) 提高能源有效利用率和减少温室气体排放量。

(5) 森林和农业可持续发展管理理念以及减少森林砍伐。

【本章小结】

高温热浪对健康、基础设施、能源需求、建筑和水质等许多问题都有重大影响。温度升高可能导致水传播和食源性疾病以及昆虫和寄生虫传播疾病的发生风险增加。本文总结了应对高温热浪的相关文献。应对高温热浪不利影响的综合措施将取决于适应和缓解措施。这些措施考虑到共同利益、不利影响和风险，并从国家、区域、地方、社区以及个人多个层面进行阐述。这可能有助于改变个人的行为，明确相关部门的责任，并在一定程度上获取无形收益。事实上，这些策略的有效整合可能对应对高温热浪及其相关影响更加有效。目前，缺乏对高温热浪适应和干预措施的评估标准和评估方法，因此，未来需要更多的研究来证明这些措施的有效性。

附　录

附录是我国为应对气候变化制定的相关政策等的汇总以及关键信息的摘录。

附录1　《中国应对气候变化战略》节选

《中华人民共和国国民经济和社会发展第十二个五年规划纲要》明确提出要增强适应气候变化能力，制定国家适应气候变化战略。中国共产党第十八次全国代表大会把生态文明建设放在突出地位，对适应气候变化工作提出了新的要求。本战略在充分评估气候变化当前和未来对我国影响的基础上，明确国家适应气候变化工作的指导思想和原则，提出适应目标、重点任务、区域格局和保障措施，为统筹协调开展适应工作提供指导。本战略目标期到2020年，在具体实施中将根据形势变化和工作需要适时调整修订。

一、面临形势

（一）影响和趋势

我国气候类型复杂多样，大陆性季风气候特点显著，气候波动剧烈。与全球气候变化整体趋势相对应，我国平均气温明显上升。

近100年来，年平均气温上升幅度略高于同期全球升温平均值，近50年变暖尤其明显。降水和水资源时空分布更加不均，区域降水变化波动加大，极端天气气候事件危害加剧。预计未来气温上升趋势更加明显，不利影响将进一步加剧，如不采取有效应对措施，极端天气气候事件引起的灾害损失将更为严重。

（二）工作现状

我国政府重视适应气候变化问题，结合国民经济和社会发展规划，采取了一系列政策和措施，取得了积极成效。

适应气候变化相关政策法规不断出台。

基础设施建设取得进展。

相关领域适应工作有所进展。

推广保护性耕作技术面积8 500万亩以上，培育并推广高产优质抗逆良种，推广农业减灾和病虫害防治技术。

生态修复和保护力度得到加强。

监测预警体系建设逐步开展。

（三）薄弱环节

我国适应气候变化工作尽管取得了一些成绩，但基础能力仍待提高，工作中还存在许多薄弱环节。

适应工作保障体系尚未形成。

基础设施建设不能满足适应要求。

敏感脆弱领域的适应能力有待提升。

生态系统保护措施亟待加强。

二、总体要求

（一）指导思想和原则

以邓小平理论、“三个代表”重要思想、科学发展观为指导，贯彻落实党的十八大精神，大力推动生态文明建设，坚持以人为本，加强科技支撑，将适应气候变化的要求纳入我国经济社会发展的全过程，统筹并强化气候敏感脆弱领域、区域和人群的适应行动，全面提高全社会适应意识，提升适应能力，有效维护公共安全、产业安全、生态安全和人民生产生活安全。

我国适应气候变化工作应坚持以下原则：

突出重点。在全面评估气候变化影响和损害的基础上，在战略规划制定和政策执行中充分考虑气候变化因素，重点针对脆弱领域、脆弱区域和脆弱人群开展适应行动。

主动适应。坚持预防为主，加强监测预警，努力减少气候变化引起的各类损失，并充分利用有利因素，科学合理地开发利用气候资源，最大限度地趋利避害。

合理适应。基于不同区域的经济社会发展状况、技术条件以及环境容量，充分考虑适应成本，采取合理的适应措施，坚持提高适应能力与经济社会发展同步，增强适应措施的针对性。

协同配合。全面统筹全局和局部、区域和局地以及远期和近期的适应工作，加强分类指导，加强部门之间、中央和地方之间的协调联动，优先采取具有减缓和适应协同效益的措施。

广泛参与。提高全民适应气候变化的意识，完善适应行动的社会参与机制。积极开展多渠道、多层次的国际合作，加强南南合作。

（二）主要目标

适应能力显著增强。主要气候敏感脆弱领域、区域和人群的脆弱性明显降低；社会公众适应气候变化的意识明显提高，适应气候变化科学知识广泛普及，适应气候变化的培训和能力建设有效开展；气候变化基础研究、观测预测和影响评估水平明显提升，极端天气气候事件的监测预警能力和防灾减灾能力得到加强。适应行动的资金得到有效保障，适应技术体系和技术标准初步建立并得到示范和推广。

重点任务全面落实。基础设施相关标准初步修订完成，应对极端天气气候事件能力显著增强。农业、林业适应气候变化相关的指标任务得到实现，产业适应气候变化能力显著提高。森林、草原、湿地等生态系统得到有效保护，荒漠化和沙化土地得到有效治理。

水资源合理配置与高效利用体系基本建成，城乡居民饮水安全得到全面保障。

海岸带和相关海域的生态得到治理和修复。适应气候变化的健康保护知识和技能基本普及。

适应区域格局基本形成。根据适应气候变化的要求，结合全国主体功能区规划，在不同地区构建科学合理的城市化格局、农业发展格局和生态安全格局，使人民生产生活安全、农产品供给安全和生态安全得到切实保障。

三、重点任务

针对各领域气候变化的影响和适应工作基础，制定实施重点适应任务，选择有条件的地区开展试点示范，探索和推广有效的经验做法，逐步引导和推动各项适应工作。

(一) 基础设施

加强风险管理。建立气候变化风险评估与信息共享机制，制定灾害风险管理措施和应对方案，开展应对方案的可行性论证，提高气候变化风险管理水平。在项目申请报告或规划内的“环境和生态影响分析”等篇章中，考虑将气候变化影响和风险作为单独内容进行分析。

修订相关标准。根据气候条件的变化修订基础设施设计建设、运行调度和养护维修的技术标准。对有关重大水利工程进行必要的安全复核，考虑地温、水分和冻土变化完善铁路路基等建设标准，根据气温、风力与冰雪灾害的变化调整输电线路、设施建造标准与电杆间距，根据海平面变化情况调整相关防护设施的设计标准。完善灾害应急系统。建立和完善保障重大基础设施正常运行的灾害监测预警和应急系统。向大中型水利工程提供暴雨、旱涝、风暴潮和海浪等预警，向通信及输电系统提供高温、冰雪、山洪、滑坡、泥石流等灾害的预警，向城市生命线系统提供内涝、高温、冰冻的动态信息和温度剧变的预警，向交通运输等部门提供大风、雷电、浓雾、暴雨、洪水、冰雪、风暴潮、海浪、海冰等灾害的预警等。完善相应的灾害应急响应体系。科学规划城市生命线系统。科学规划建设城市生命线系统和运行方式，根据适应需要提高建设标准。按照城市内涝及热岛效应状况，调整完善地下管线布局、走向以及埋藏深度。根据气温变化调整城市分区供暖、供水调度方案，提高地下管线的隔热防潮标准等。

(二) 农业加强监测预警和防灾减灾措施

运用现代信息技术改进农情监测网络，建立健全农业灾害预警与防治体系。构建农业防灾减灾技术体系，编制专项预案。加强气候变化诱发的动物疫病的监测、预警和防控，大力提升农作物病虫害监测预警与防控能力，加强病虫害统防统治，推广普及绿色防控与灾后补救技术，增加农业备灾物资储备。

提高种植业适应能力。

修订畜舍与鱼池建造标准，构建主要农区畜牧养殖适应技术体系。

（三）水资源

加强水资源保护与水土流失治理。

健全防汛抗旱体系。

（四）海岸带和相关海域合理规划涉海开发活动

加强沿海生态修复和植被保护。

加强海洋灾害监测预警。

（五）森林和其他生态系统

完善林业发展规划。

加强森林经营管理。

有效控制森林灾害。

促进草原生态良性循环。

加强生态保护和治理。

（六）人体健康

完善卫生防疫体系建设。加强疾病防控体系、健康教育体系和卫生监督执法体系建设，提高公共卫生服务能力。修订居室环境调控标准和工作环境保护标准，普及公众适应气候变化健康保护知识和极端事件应急防护技能。加强饮用水卫生监测和安全保障服务。

开展监测评估和公共信息服务。开展气候变化对敏感脆弱人群健康的影响评估，建立和完善人体健康相关的天气监测预警网络和公共信息服务系统，重点加强对极端天气敏感脆弱人群的专项信息服务。

加强应急系统建设。加强卫生应急准备，制定和完善应对高温中暑、低温雨雪冰冻、雾霾等极端天气气候事件的卫生应急预案，完善相关工作机制。

（七）旅游业和其他产业

维护产业安全。

合理开发和保护旅游资源。

利用有利条件推动旅游产业发展。

四、区域格局

按照全国主体功能区规划有关国土空间开发的内容，统筹考虑不同区域人民生产生活受到气候变化的不同影响，具体提出各有侧重的适应任务，将全国重点区域格局划分为城市化、农业发展和生态安全三类适应区。

（一）城市化地区

城市化地区是指人口密度较高，已形成一定规模城市群的主要人口集聚区。按照不同气候和区位条件划分为东部城市化地区、中部城市化地区和西部城市化地区。重点任务是在推进城镇化进程的同时提升城市基础设施适应能力，改善人居环境，保障人民生产生活安全。

1. 东部城市化地区。

2. 中部城市化地区。

3. 西部城市化地区。

(二) 农业发展地区

农业发展地区指人口密度相对较小、尚未形成大规模的城市群，同时具备较好农业生产条件的主要农产品主产区。按不同气候和区位条件划分为东北平原区、黄淮海平原区、长江流域区、汾渭平原区、河套地区、甘肃新疆区和华南区。重点任务是保障农产品安全供给和人民安居乐业。

1. 东北平原区。

2. 黄淮海平原区。

3. 长江流域区。

4. 汾渭平原区。

5. 河套地区。

6. 甘肃新疆区。

7. 华南区。

(三) 生态安全地区

生态安全地区是指人类活动较少，开发相对有限，但对国家或区域生态安全具有重大意义的典型生态区域。按不同气候和区位条件划分为东北森林带、北方防沙带、黄土高原—川滇生态屏障区、南方丘陵山区、青藏高原生态屏障区。重点任务是保障国家生态安全和促进人与自然和谐相处。

1. 东北森林带。

2. 北方防沙带。

3. 黄土高原-川滇生态屏障区。

4. 南方丘陵山区。

5. 青藏高原生态屏障区。

五、保障措施

本战略为适应气候变化领域各项政策及其制度安排提供指导。各有关地方和部门要根据本战略调整完善现行政策和制度安排，建立健全保障适应行动的体制机制、资金政策、技术支撑和国际合作体系。

(一) 完善体制机制

1. 健全适应气候变化的法律体系，加快建立相配套的法规和政策体系。研究制定适应能力评价综合指标体系，健全必要的管理体系和监督考核机制。

2. 把适应气候变化的各项任务纳入国民经济与社会发展规划，作为各级政府制定中长期发展战略和规划的重要内容，并制定各级适应气候变化方案。

3. 建立健全适应工作组织协调机制，统筹气候变化适应工作，鼓励相邻区域、同一流域或气候条件相近的区域建立交流协调机制，在防汛抗旱、防灾减灾、扶贫开发、科技教育、医疗卫生、森林防火、病虫害防治、重大工程建设等议事协调机构中增加适应气候变化工作内容，成立多学科、多领域的适应气候变化专家委员会。

（二）加强能力建设

1. 开展重点领域气候变化风险分析，建设多灾种综合监测、预报、预警工程，健全气候观测系统和预警系统；建立极端天气气候事件预警指数与等级标准，实现各类预警信息的共享，为风险决策提供依据；重点做好大中城市、重要江河流域、重大基础设施、地质灾害易发区、海洋灾害高风险区的监测预警工作。

2. 加强灾害应急处置能力建设，建立气象灾害及其次生、衍生灾害应急处置机制，加强灾害防御协作联动；制定气候敏感脆弱领域和区域适应气候变化应急方案；加强人工影响天气作业能力建设，提高对干旱、冰雹等灾害的作业水平；加强专业救援队伍和专家队伍建设，发展壮大志愿者队伍；提高全社会预防与规避极端天气气候事件及其次生衍生灾害的能力。

3. 建立健全管理信息系统建设，提高适应气候变化的信息化水平，深入推广信息技术在适应重点领域中的应用，推进跨部门适应信息共享和业务协同，提升政府适应气候变化的公共服务能力和管理水平。

4. 加大科普教育和公众宣传，在基础教育、高等教育和成人教育中纳入适应气候变化的内容，提升公众适应意识和能力；广泛开展适应知识的宣传普及，举办针对各级政府、行业企业、咨询机构、科研院所等的气候变化培训班和研修班，提高对适应重要性和紧迫性的认识，营造全民参与的良好环境。

（三）加大财税和金融政策支持力度

1. 发挥公共财政资金的引导作用，保证国家适应行动有可靠的资金来源；加大财政在适应能力建设、重大技术创新等方面的支持力度；增加财政投入，保障重点领域和区域适应任务的完成；划分适应气候变化的事权范围，确定中央与地方的财政支出责任；通过现有政策和资金渠道，适当减轻经济落后地区在适应行动上的财政支出负担；落实并完善相关税收优惠政策，鼓励各类市场主体参与适应行动。

2. 推动气候金融市场建设，鼓励开发气候相关服务产品。探索通过市场机构发行巨灾债券等创新性融资手段，完善财政金融体制改革，发挥金融市场在提供适应资金中的积极作用。建立健全风险分担机制，支持农业、林业等领域开发保险产品和开展相关保险业务，开展和促进“气象指数保险”产品的试点和推广工作。搭建国际适应资金承接平台，提高国际合作资金的使用与管理能力。

（四）强化技术支撑

1. 围绕国家重大战略需求，统筹现有资源和科技布局，加强适应气候变化领域相关研究机构建设，系统开展适应气候变化科学基础研究，加强气候变化监测、预测预估、影响与风险评估以及适应技术的开发。

2. 鼓励适应技术研发与推广，积极示范推广简单易行、可操作性强的高效适应技术，选择典型区域开展适应技术集成示范。

3. 加强行业与区域科研能力建设,建立基础数据库,构建跨学科、跨行业、跨区域的适应技术协作网络;编制国家、行业和区域适应技术清单并定期发布,逐步构建适应技术体系,发布适应行动指南和工具手册。

（五）开展国际合作

1. 加强适应气候变化国际合作,积极引导和参与全球性、区域性合作和国际规则设计,构建信息交流和国际合作平台,开展典型案例研究,与各方开展多渠道、多层次、多样化的合作。引导和支持国内外企业和民间机构间的适应合作,鼓励中方人员到国际适应气候变化相关机构中任职。

2. 继续要求发达国家切实履行《联合国气候变化框架公约》下的义务,向发展中国家提供开展适应行动所需的资金、技术和能力建设;积极参与公约内外资金机制及其他国际组织的项目合作,充分利用各种国际资金开展适应行动。

3. 通过国际技术开发和转让机制,推动关键适应技术的研发,在引进、消化、吸收基础上鼓励自主创新,促进我国适应技术的进步。

4. 综合运用能力建设、联合研发、扶贫开发等方式,与其他发展中国家深入开展适应技术和经验交流,在农业生产、荒漠化治理、水资源综合管理、气象与海洋灾害监测预警预报、有害生物监测与防治、生物多样性保护、海岸带保护和防灾减灾等领域广泛开展"南南合作"。

（六）做好组织实施

发展改革部门牵头负责本战略实施的组织协调,与国务院有关部门协调配合,依据本战略编制部门分工方案,明确各部门的职责。国务院有关部门要依据部门分工方案落实相关工作,编制本部门、本领域的适应气候变化方案,严格贯彻执行。各省、自治区、直辖市及新疆生产建设兵团发展改革部门要根据本战略确定的原则和任务,编制省级适应气候变化方案并会同有关部门组织实施,监督检查方案的实施情况,保证方案的有效落实。

附录 2 《中国应对气候变化的政策与行动 2018 年度报告》节选

前 言

气候变化是人类面临的共同挑战,中国政府一贯高度重视应对气候变化,以积极建设性的态度推动构建公平合理、合作共赢的全球气候治理体系,并采取了切实有力的政策措施强化应对气候变化国内行动,展现了推进可持续发展和绿色低碳转型的坚定决心。

2017 年以来,中国继续推进应对气候变化工作,采取了一系列举措,取得积极进展,已经成为全球生态文明建设的重要参与者、贡献者、引领者。2017 年中国单位国内生产总值(GDP)二氧化碳排放(以下简称碳强度)比 2005 年下降约 46%,已超过 2020 年碳强度下降 40%～45%的目标,碳排放快速增长的局面得到初步扭转。非化石能源占一次能源消费比重达到 13.8%,造林护林任务持续推进,适应气候变化能力不断增强。应对气候变化体制机制不断完善,应对气候变化机构和队伍建设持续加强,全社会应对气候变化意识不断提高。为帮助各方全面了解 2017 年以来中国在应对气候变化方面的政策行动和成效,特编写本报告。

中国共产党的十九大报告和 2018 年召开的全国生态环境保护大会对应对气候变化工作提出了更高的要求。2018 年,按照中国政府机构改革的安排部署,应对气候变化和减排职能划转到生态环境部,将增强应对气候变化与环境污染防治的协同性,增强生态环境保护的整体性。下一步我们将深入贯彻习近平新时代中国特色社会主义思想和党的十九大精神,以习近平生态文明思想为指导,全面落实生态环境保护大会的部署和要求,实施积极应对气候变化国家战略,统筹推进国内国际工作,充分发挥应对气候变化工作对生态文明建设的促进作用、对高质量发展的引领作用和对环境污染治理的协同作用。

一、减缓气候变化

2017 年以来,中国政府在调整产业结构、优化能源结构、节能提高能效、控制非能源活动温室气体排放、增加碳汇等方面采取一系列行动,取得积极成效。2017 年中国碳强度比 2005 年下降约 46%,已超过 2020 年碳强度下降 40%～45%的目标。

(一) 调整产业结构

——大力发展服务业。

——积极发展战略性新兴产业。

——加快化解过剩产能。

(二) 优化能源结构

——继续严格控制煤炭消费。

——推进化石能源清洁化利用。
——大力发展非化石能源。
（三）节能提高能效
——强化目标责任。
——完善统计制度和标准体系。
——推广节能技术和产品。
——加快发展循环经济。
——推进建筑领域节能和绿色发展。
——推进交通领域节能和绿色发展。
（四）控制非能源活动温室气体排放
——控制工业领域温室气体排放。
——控制农业领域温室气体排放。
——控制废弃物处理领域温室气体排放。
（五）增加碳汇
——增加森林碳汇。
——增加草原碳汇。
——增加其他碳汇。

二、适应气候变化

（一）提高重点领域适应能力
——农业领域。
——水资源领域。
——林业和生态系统。
——海洋领域。
——气象领域。
——防灾减灾救灾领域。
（二）加强适应基础能力建设
——加强基础设施建设。
——提高科技能力。
——建立灾害监测预警机制。

三、地方行动

（一）各级试点示范
——低碳省市试点稳步推进。
——低碳社区建设力度不断加强。

（二）地方自主低碳发展创新行动
（三）多地区积极推动碳排放达峰
（四）其他领域试点示范
——开展近零碳排放区示范工程建设。
——推进气候适应型城市试点。
——推进 CCUS 试验示范。

四、全社会广泛参与

（一）政府主动引导
（二）公众广泛参与
（三）企业积极探索
（四）每天广泛宣传

五、体制和制度建设

（一）完善体制机制
——健全应对气候变化体制机制。
——开展年度省级人民政府控制温室气体排放目标责任评价考核。
（二）强化法规标准
——推进应对气候变化法制化进程。
——推进应对气候变化标准化进程。
（三）推动碳排放权交易市场建设
——稳步推进全国碳排放权交易市场建设。
——持续推动试点碳市场建设。
——创新发展碳普惠交易。

六、加强基础能力

（一）加强温室气体统计核算体系建设
——健全温室气体排放基础统计制度。
——推进温室气体清单编制和排放核算。
——推动企业温室气体排放数据直报系统建设。
（二）强化科技队伍支撑
——加强科技支撑。
——加强人才队伍建设。
——加强相关学科建设。

七、积极参加国际谈判

(一) 积极参加联合国框架下的多边进程

——深度参与全球气候治理,落实巴黎协定成果。

——建设性参与《联合国气候变化框架公约》(简称公约)主渠道谈判。

(二) 广泛参与其他多边进程

——积极参与公约外气候变化相关国际进程。

——加强与各国的对话交流。

(三) 关于卡托维兹气候变化大会的基本立场和主张

八、加强国际交流与合作

(一) 推动与国际组织合作

(二) 加强与发达国家的交流合作

(三) 深化应对气候变化南南合作

这些措施目前已取得积极进展,使我国成为全球生态文明建设的重要参与者、贡献者、引领者。其中,针对气候变化及高温热浪,我国也采取了具体而有效的措施。

一、控制工业领域温室气体排放。

2018年3月,国家发展改革委印发《关于开展2017年度氢氟碳化物处置核查相关工作的通知》,组织开展2017年度氢氟碳化物处置核查工作,对11家企业核查情况予以公示,确保HFC-23销毁装置的正常运行,对销毁处置企业给予定额补贴。2017年9月,原环境保护部发布《工业企业污染治理设施污染物去除协同控制温室气体核算技术指南(试行)》,积极推动污染物和温室气体协同控制,组织开展污染物与温室气体协同控制及含氟气体统计调查能力建设培训。继续推进煤矿瓦斯抽采规模化矿区建设,实施煤矿瓦斯抽采和利用示范工程,加强对油气系统挥发性有机物和甲烷逃逸的监测和控制。

二、控制农业领域温室气体排放。

继续实施"到2020年化肥使用量零增长行动"和"到2020年农药使用量零增长行动",大力推广测土配方施肥和化肥农药减量增效技术,2017年,全国水稻、玉米、小麦三大粮食作物化肥利用率37.8%,比2015年提高2.6个百分点;化肥农药使用量提前实现零增长。积极控制畜禽温室气体排放,2017年6月印发《关于加快推进畜禽养殖废弃物资源化利用的意见》,2017年8月印发《全国畜禽粪污资源化利用整县推进项目工作方案(2018—2020年)》,启动实施畜禽粪污资源化利用整县推进项目,2017年畜禽粪污综合利用率达到70%,全国秸秆综合利用率超过82%。支持农村沼气建设,推动农村沼气转型升级,截至2017年底,全国户用沼气约4 100万户,全国沼气年产量达到140.83亿立方米。

三、控制废弃物处理领域温室气体排放。

积极推进垃圾资源化和无害化处理,规范垃圾分类回收。2017年3月,发布《生活垃圾分类制度实施方案》,提出“到2020年底,基本建立垃圾分类相关法律法规和标准体系,形成可复制、可推广的生活垃圾分类模式,在实施生活垃圾强制分类的城市,生活垃圾回收利用率达到35%以上”等目标。

四、提高科技能力。

持续开展全球和区域气候模式研发,继续开展气候变化预估研究,开展综合影响评估模型研发,中国区域平均温度、极端温度变化的监测归因工作取得重要进展。建立异常大风、降水对中国近海生态环境影响的准业务化试运行的预评估系统和示范海湾的决策支持系统,完善了北极海冰业务预报系统,继续推进海岸过程研究与海滩防护技术的推广工作。建立基于卫星遥感的陆源入海碳通量与扩散的动态监测示范系统。加强卫星雷达立体监测产品分析与应用,提高环境气象预报精细化水平。

五、建立灾害监测预警机制。

印发《关于做好建立全国水资源承载能力监测预警机制工作的通知》,健全以地方行政首长负责制为核心的各级防汛抗旱工作责任制,完善大江大河防御洪水方案、洪水调度方案和水量应急调度预案,初步建立了全国旱情监测系统,建设自动和人工监测站点1 021个。组织开展区域人群气象敏感性疾病科学调查,在试点城市开展儿童高温热浪健康风险预测预警服务。

中国共产党的十九大报告和2018年召开的全国生态环境保护大会对应对气候变化工作提出了更高的要求。我们将深入贯彻习近平新时代中国特色社会主义思想和党的十九大精神,以习近平生态文明思想为指导,全面落实生态环境保护大会的部署和要求,实施积极应对气候变化国家战略,统筹推进国内国际工作,充分发挥应对气候变化工作对生态文明建设的促进作用、对高质量发展的引领作用和对环境污染治理的协同作用。

附录3 《国家应对气候变化规划(2014—2020年)》节选

前 言

气候变化关系全人类的生存和发展。我国人口众多,人均资源禀赋较差,气候条件复杂,生态环境脆弱,是易受气候变化不利影响的国家。气候变化关系我国经济社会发展全局,对维护我国经济安全、能源安全、生态安全、粮食安全以及人民生命财产安全至关重要。积极应对气候变化,加快推进绿色低碳发展,是实现可持续发展、推进生态文明建设的内在要求,是加快转变经济发展方式、调整经济结构、推进新的产业革命的重大机遇,也是我国作为负责任大国的国际义务。

根据全面建成小康社会目标任务,国家发展和改革委员会会同有关部门,组织编制了《国家应对气候变化规划(2014—2020年)》,提出了我国应对气候变化工作的指导思想、目标要求、政策导向、重点任务及保障措施,将减缓和适应气候变化要求融入经济社会发展各方面和全过程,加快构建中国特色的绿色低碳发展模式。

第一章 现状与展望

我国是易受气候变化不利影响的国家。近一个世纪以来,我国区域降水波动性增大,西北地区降水有所增加,东北和华北地区降水减少,海岸侵蚀和咸潮入侵等海岸带灾害加重。全球气候变化已对我国经济社会发展和人民生活产生重要影响。自20世纪50年代以来,我国冰川面积缩小了10%以上,并自90年代开始加速退缩。极端天气气候事件发生频率增加,北方水资源短缺和南方季节性干旱加剧,洪涝等灾害频发,登陆台风强度和破坏度增强,农业生产灾害损失加大,重大工程建设和运营安全受到影响。

党中央、国务院高度重视应对气候变化工作,采取了一系列积极的政策行动,成立了国家应对气候变化领导小组和相关工作机构,积极建设性参与国际谈判。编制并实施《中国应对气候变化国家方案》《"十二五"控制温室气体排放工作方案》和《国家适应气候变化战略》,加快推进产业结构和能源结构调整,大力开展节能减碳和生态建设,积极推动低碳试点示范,加强应对气候变化能力建设,努力提高全社会应对气候变化意识,应对气候变化各项工作取得积极进展。

同时,我国应对气候变化工作基础还相对薄弱,相关法律法规、体制机制、政策体系、标准规范还不健全,相关财税、投资、价格、金融等政策机制需要进一步创新,市场化机制需要进一步强化,统计核算等能力建设亟须加强,气候友好技术研发和推广应用能力需要进一步提高,人才队伍建设相对滞后,全社会应对气候变化的认识水平和能力亟待提高。

今后一个时期是我国全面建成小康社会的关键时期，也是我国大力推进生态文明建设、转变经济发展方式、促进绿色低碳发展的重要战略机遇期，应对气候变化工作面临新形势、新任务和新要求。

我国经济社会发展新阶段、新态势和国际发展潮流，对应对气候变化工作提出了新的要求：

把积极应对气候变化作为国家重大战略。

把积极应对气候变化作为生态文明建设的重大举措。

充分发挥应对气候变化对相关工作的引领作用。

第二章　指导思想和主要目标

指导思想和基本原则

以邓小平理论、"三个代表"重要思想、科学发展观为指导，深入贯彻党的十八大和十八届二中、三中全会精神，认真落实党中央、国务院的各项决策部署，牢固树立生态文明理念，坚持节约能源和保护环境的基本国策，统筹国内与国际、当前与长远，减缓与适应并重，坚持科技创新、管理创新和体制机制创新，健全法律法规标准和政策体系，不断调整经济结构、优化能源结构、提高能源效率、增加森林碳汇，有效控制温室气体排放，努力走一条符合中国国情的发展经济与应对气候变化双赢的可持续发展之路。坚持共同但有区别的责任原则、公平原则、各自能力原则，深化国际交流与合作，同国际社会一道积极应对全球气候变化。

我国应对气候变化工作的基本原则

——坚持国内和国际两个大局统筹考虑。

——坚持减缓和适应气候变化同步推动。

——坚持科技创新和制度创新相辅相成。

——坚持政府引导和社会参与紧密结合。

主要目标

到2020年，应对气候变化工作的主要目标是：

——控制温室气体排放行动目标全面完成。

——低碳试点示范取得显著进展。

——适应气候变化能力大幅提升。

——能力建设取得重要成果。

——国际交流合作广泛开展。

第三章　控制温室气体排放

——调整产业结构。

——抑制高碳行业过快增长。
——推动传统制造业优化升级。
——大力发展战略性新兴产业和服务业。
——优化能源结构。
——调整化石能源结构。
——有序发展水电。
——安全高效发展核电。
——大力开发风电。
——推进太阳能多元化利用。
——发展生物质能。
——推动其他可再生能源利用。
——加强能源节约。
——控制能源消费总量。
——加强重点领域节能。
——大力发展循环经济。
——增加森林及生态系统碳汇。
——增加森林碳汇。
——增加农田、草原和湿地碳汇。
——控制工业领域排放。
——实施工业应对气候变化行动计划，到2020年，单位工业增加值二氧化碳排放比2005年下降50%左右。
——能源工业。
——钢铁工业。
——建材工业。
——化学工业。
——轻纺工业。
——控制城乡建设领域排放。
——优化城市功能布局。
——强化城市低碳化建设和管理。
——发展绿色建筑。
——控制交通领域排放。
——城市交通。
——公路运输。
——铁路运输。
——水路运输。
——航空运输。

——控制农业、商业和废弃物处理领域排放。
——控制农业生产活动排放。
——控制商业和公共机构排放。
——控制废弃物处理领域排放。
——倡导低碳生活。
——鼓励低碳消费。
——开展低碳生活专项行动。
——倡导低碳出行。

第四章　适应气候变化影响

——提高城乡基础设施适应能力。
——城乡建设。
——水利设施。
——交通设施。
——能源设施。
——加强水资源管理和设施建设。
——加强水资源管理。
——加快水资源利用设施建设。
——提高农业与林业适应能力。
——种植业。
——林业。
——畜牧业。
——提高海洋和海岸带适应能力。
——加强海洋灾害防护能力建设。
——加强海岸带综合管理。
——加强海洋生态系统监测和修复。
——保障海岛与海礁安全。
——提高生态脆弱地区适应能力。
——推进农牧交错带与高寒草地生态建设和综合治理。
——加强黄土高原和西北荒漠区综合治理。
——开展石漠化地区综合治理。
——提高人群健康领域适应能力。
——加强气候变化对人群健康影响评估。
——制定气候变化影响人群健康应急预案。
——加强防灾减灾体系建设。

——加强预测预报和综合预警系统建设。

——健全气候变化风险管理机制。

——加强气候灾害管理。

第五章　实施试点示范工程

一、深化低碳省区和城市试点

——低碳省区试点。

——低碳城市试点。

专栏1　部分新建低碳城(镇)试点

广东深圳国际低碳城：以低碳服务业和低碳技术应用为重点，构建完整的低碳产业链，打造以智能交通、无线网络、智能电网、绿色建筑等基础设施为支撑的低碳发展示范区。建成低碳技术研发中心、低碳技术集成应用示范中心、低碳产业和人才集聚中心和低碳发展服务中心。

山东青岛中德生态园：以泛能网为平台，发展分布式能源和绿色建筑，加强可再生能源应用，大力发展绿色建材、绿色金融、高端制造业、职业教育等，打造具有可持续发展示范意义的生态低碳产业园区。

江苏镇江官塘低碳新城：通过强化园区低碳规划、优化园区产业链，发展商贸、物流、旅游等现代服务业，抓好可再生能源、绿色建筑、碳汇、低冲击开发雨水收集处理、绿道慢行系统、智慧管理等六大工程建设，探索园区低碳化公共服务管理模式，打造新型示范城区。

云南昆明呈贡低碳新区：切实转变城市经济发展方式，大力发展第三产业和都市型低碳农业，坚持产城融合和公交引导开发的建设理念，通过科学的城区低碳规划，优化城市空间布局，加强可再生能源应用，大力发展低碳建筑，建设集湖光山色，融人文景观和自然景观于一体的环保型、园林化、可持续发展的现代化城市。

二、开展低碳园区、商业和社区试点

低碳园区试点。

低碳商业试点。

专栏2　低碳商业试点

低碳商贸试点：开展低碳商场试点，在设计、建设、运营、物流和废弃物处理等方面，坚持安全、环保、健康、低碳理念，加强低碳管理，通过在商场内采用高效节能照明、空调、冷柜等设备，设定各类用电设备开启和关闭时间，限制专柜单位面积用电量，禁止销售过度包装商品，鼓励销售低碳产品等措施，建立绿色低碳供应链，显著降低试点商场碳排放强度。开展低碳配送中心试点和低碳会展试点。

低碳宾馆试点：选择具有代表性的宾馆开展低碳宾馆试点，在宾馆设计、建筑装饰、节约用水、能源管理、餐饮娱乐和废弃物处理等方面，加强低碳管理和服务，显著降低试点宾馆碳排放强度。

低碳餐饮试点：选择具有代表性的餐饮机构开展低碳餐饮试点，在餐饮机构设计、建设、运营等方面，使用环保建筑装修材料、节能空调、节能冰箱、节能灯具和节能灶具，拒绝或逐步减少一次性餐具，推广使用电子菜谱，引导顾客理性消费、适度消费。通过开展试点工作，显著降低试点餐饮机构碳排放强度。

低碳旅游试点：选择具有代表性的旅游景区开展低碳旅游试点，在景区规划设计、建设、运营和废弃物处理等方面践行低碳，鼓励景区照明使用太阳能、生物能等清洁能源，景区内交通使用电瓶车、自行车等交通工具，提倡游客入住舒适、便捷的经济型酒店，拒绝或逐步减少一次性餐具。通过开展试点工作，显著降低试点旅游景区碳排放强度。

低碳社区试点：结合新型城镇化建设和社会主义新农村建设，扎实推进低碳社区试点。在社区规划设计、建筑材料选择、供暖供冷供电供热水系统、社区照明、社区交通、建筑施工等方面，实现绿色低碳化。推广绿色建筑，加快绿色建筑节能整装配套技术、室内外环境健康保障技术、绿色建造和施工关键技术和绿色建材成套应用技术研发应用，推广住宅产业化成套技术，鼓励建立高效节能、可再生能源利用最大化的社区能源、交通保障系统，积极利用地热、浅层地温能、工业余热为社区供暖供冷供热水，积极探索土地节约利用、水资源和本地资源综合利用，加强社区生态建设，建立社区节电节水、出行、垃圾分类等低碳行为规范，倡导建立社区二手生活用品交换市场，引导社区居民普遍接受绿色低碳的生活方式和消费模式，建立社区生活信息化管理系统。重点城市制订低碳社区建设规划，明确工作任务和实施方案。鼓励军队开展低碳营区试点。“十二五”末全国开展的低碳社区试点争取达到 1 000 个左右。

三、实施减碳示范工程

——低碳产品推广工程。

——高排放产品节约替代示范工程。

——工业生产过程温室气体控排示范工程。

——碳捕集、利用和封存示范工程。

四、实施适应气候变化试点工程

——城市气候灾害防治试点工程。

——海岸带综合管理和灾害防御试点工程。

——草原退化综合治理试点工程。

——城市人群健康适应气候变化试点工程。

——森林生态系统适应气候变化试点工程。

——湿地保护与恢复试点工程。

第六章　完善区域应对气候变化政策

一、城市化地区应对气候变化政策

城市化地区主要包括《全国主体功能区规划》划定的东部环渤海、长三角、珠三角三个优化开发区域和海峡西岸经济区、冀中南、北部湾地区、哈长地区、中原经济区、太原城市群、东陇海地区、长江中游地区、皖江城市带、呼包鄂榆地区、关中—天水地区、成渝地区、黔中地区、滇中地区、宁夏沿黄经济区、兰州—西宁地区、藏中南地区、天山北坡等18个重点开发区域，以及各省级主体功能区规划划定的城市化地区。

优化开发区域。确立严格的温室气体排放控制目标。建立重点行业单位产品温室气体排放标准，加快转变经济发展方式，调整产业结构，提高产业准入门槛，严格限制高耗能、高排放产业发展，大力发展战略性新兴产业和现代服务业，构建低碳产业体系和消费模式；加快现有建筑和交通体系的低碳化改造，大力发展低碳建筑和低碳交通，加快产业园区低碳化建设和改造，重点工业企业单位产品碳排放水平达到国内领先，大力建设低碳社区，倡导低碳消费和低碳生活方式；严格控制能源消费总量特别是煤炭消费总量，优化能源结构，加快发展风电、太阳能等低碳能源。在适应气候变化方面，提高沿海城市和重大工程设施的防护标准，提升应对风暴潮、咸潮、强台风、城市内涝等灾害的能力，完善城市公共设施建设标准，重点加强对城市生命线系统与交通运输及海岸重要设施的安全保障，增强应对极端气候事件的防灾减灾水平，加强气候变化相关疾病预警预防和应急响应体系建设。

重点开发区域。坚持走低消耗、低排放、高附加值的新型工业化道路，降低经济发展的碳排放强度，加快技术创新，加大传统产业的改造升级，发展低碳建筑和低碳交通，大力推动天然气、风能、太阳能、生物质能等低碳能源开发应用。实施积极的落户政策，加强人口集聚和吸纳能力建设，科学规划城市建设，完善城市基础设施和公共服务，进一步提高城市的人口承载能力。支持老工业基地和资源型城市加快绿色低碳转型。在中西部地区加快推进低碳发展试点示范。在适应气候变化方面，中部城市化地区要加强应对干旱、洪涝、高温热浪、低温冰雪等极端气象灾害能力建设；西部城市化地区重点加强应对干旱、风沙、城市地质灾害等防治。

二、农产品主产区应对气候变化政策

农产品主产区包括《全国主体功能区规划》划定的“七区二十三带”为主体的农产品主产区，以及各省级主体功能区规划划定的其他农产品主产区。

减缓方面。农产品主产区要把增强农业综合生产能力作为发展的首要任务，保护耕地，积极推进农业的规模化、产业化，限制进行高强度大规模工业化、城镇化开发，以县城为重点，推进城镇建设和工业发展，控制农业农村温室气体排放，发展沼气、生物质发电等可再生能源。鼓励引导人口分布适度集中，加强中小城镇规划建设，形成人口大分散小聚居的布局形态。

适应方面。提高农业抗旱、防洪、排涝能力，加大中低产田盐碱和渍害治理力度，选育推广抗逆优良农作物品种。提高东北平原适应气候变暖作物栽培区域北移影响的能力，加强黑土地保护，大力开展保护性耕作，适当扩大晚熟、中晚熟品种比重，大力发展优质粳稻、专用玉米、高油大豆和优质畜产品，扩大品种栽培界线。

加强黄淮海平原地区地下水资源的监测和保护，压缩南水北调受水区地下水开采量，有条件的地区要开展地下水回灌，增强水源应急储备，开发替代型水源，促进适应型灌溉排水的设计和管理。积极调整品种结构，大力发展优质专用小麦、优质棉花、专用玉米、高蛋白大豆。加强汾河渭河平原、河套灌区农田旱作节水设施建设，促进水资源保护和土壤盐渍化防治，合理利用引、调水工程，积极发展山区水窖，建设淤地坝，控制水土流失。加强华南主产区近岸海域保护，健全沿海海洋灾害应急响应系统，建设沿海防护林体系，提高沿海地区抵御海洋灾害的能力；积极建设优质水稻产业带、甘蔗产业带和水产品产业带。提高甘肃新疆农产品主产区抗旱能力，积极发展绿洲农业，保护绿洲人工生态，构建局地小气候。保护性开发利用黑河、塔里木河等河流水资源，大力发展节水设施和节水农业。

三、重点生态功能区应对气候变化政策

重点生态功能区分为限制开发的重点生态功能区和禁止开发的重点生态功能区，限制开发的重点生态功能区包括《全国主体功能区规划》确定的25个国家级重点生态功能区，以及省级主体功能区规划划定的其他省级限制开发的重点生态功能区。禁止开发的重点生态功能区是指依法设立的各级各类自然文化资源保护区，以及其他需要特殊保护，禁止进行工业化、城市化开发，并点状分布于优化开发、重点开发和限制开发区域之中的重点生态功能区。

限制开发的重点生态功能区。严格控制温室气体排放增长。制定严格的产业发展目录，严格控制开发强度，限制新上高碳工业项目，逐步转移高碳产业，对不符合主体功能定位的现有产业实行退出机制，因地制宜发展特色低碳产业，以保护和修复生态环境为首要任务，努力增加碳汇，引导超载人口逐步有序转移。在条件适宜地区，积极推广沼气、风能、太阳能、地热能等清洁能源，努力解决农村特别是山区、高原、草原和海岛地区农村能源需求。加大气候变化脆弱地区生态工程建设与扶贫力度，加强国家扶贫政策和应对气候变化政策协调，推动贫困地区加快脱贫致富的同时增强应对气候变化能力，研

究建立贫困地区应对气候变化扶持机制。

禁止开发区域。依据法律和相关规划实施强制性保护，严禁不符合主体功能定位的各类开发活动，按核心区、缓冲区、实验区的顺序，引导人口逐步有序转移，逐步实现“零排放”。严格保护风景名胜区内自然环境。禁止在风景名胜区从事与风景名胜资源无关的生产建设活动。根据资源状况和环境容量对旅游规模进行有效控制。加强生物多样性保护，根据气候变化状况科学调整各类自然保护区的功能区。

第七章　健全激励约束机制

一、健全法规标准

制定应对气候变化法规。研究制定应对气候变化法律法规，建立应对气候变化总体政策框架和制度安排，明确各方权利义务关系，为相关领域工作提供法律基础。研究制定应对气候变化部门规章和地方法规。

完善应对气候变化相关法规。根据需要进一步修改完善能源、节能、可再生能源、循环经济、环保、林业、农业等相关领域法律法规，发挥相关法律法规对推动应对气候变化工作的保障作用，保持各领域政策与行动的一致性，形成协同效应。

建立低碳标准体系。研究制定电力、钢铁、有色、建材、石化、化工、交通、建筑等重点行业温室气体排放标准。研究制定低碳产品评价标准及低碳技术、温室气体管理等相关标准。鼓励地方、行业开展相关标准化探索。

二、建立碳交易制度

推动自愿减排交易活动。实施《温室气体自愿减排交易管理办法》，建立自愿减排交易登记注册系统和信息发布制度，推动开展自愿减排交易活动。探索建立基于项目的自愿减排交易与碳排放权交易之间的抵销机制。

深化碳排放权交易试点。深入开展北京、天津、上海、重庆、湖北、广东、深圳等碳排放权交易试点，研究制定相关配套政策，总结评估试点工作经验，完善试点实施方案。

加快建立全国碳排放交易市场。总结温室气体自愿减排交易和碳排放权交易试点工作，研究制订碳排放交易总体方案，明确全国碳排放交易市场建设的战略目标、工作思路、实施步骤和配套措施。做好碳排放权分配、核算核证、交易规则、奖惩机制、监管体系等方面制度设计，制定全国碳排放交易管理办法。培育和规范交易平台，在重点发展好碳交易现货市场的基础上，研究有序开展碳金融产品创新。

健全碳排放交易支撑体系。制定不同行业减排项目的减排量核证方法学。制定工作规范和认证规则，开展温室气体排放第三方核证机构认可。研究制定相关法律法规、配套政策及监管制度。建立碳排放交易登记注册系统和信息发布制度。统筹规划碳排放交易平台布局，加强资质审核和监督管理。加快碳排放交易专业人才培养。

研究与国外碳排放交易市场衔接。积极参与全球性和行业性多边碳排放交易规则和制度的制定。密切跟踪其他国家(地区)碳交易市场发展情况。根据我国国情,研究我国碳排放交易市场与国外碳排放交易市场衔接可行性。在条件成熟的情况下,探索我国与其他国家(地区)开展双边和多边碳排放交易活动相关合作机制。

三、建立碳排放认证制度

建立碳排放认证制度。研究产品、服务、组织、项目、活动等层面碳排放核算方法和评价体系。加快建立完整的碳排放基础数据库。建立低碳产品认证制度,制定相应技术规范、评价标准、认证模式、认证程序和认证监管方式。推进各种低碳标准、标识的国际交流和互认。

推广低碳产品认证。选择碳排放量大、应用范围广的汽车、电器等用能产品,日用消费品及重要原材料行业典型产品,率先开展低碳产品认证。选择部分地区开展低碳产品推广试点。开展低碳认证宣传活动。

加强碳排放认证能力建设。加强认证机构能力建设和资质管理,规范第三方认证机构服务市场。在产品、服务、组织、项目、活动等层面建立低碳荣誉制度。支持出口企业建立产品碳排放评价数据库,提高企业应对新型贸易壁垒的能力。

四、完善财税和价格政策

加大财政投入。进一步加大财政支持应对气候变化工作力度。在财政预算中安排资金,支持应对气候变化试点示范、技术研发和推广应用、能力建设和宣传教育;加快低碳产品和设备的规模化推广使用,对购买低碳产品和服务的消费者提供补贴。积极创新财政资金使用方式。

完善税收政策。综合运用免税、减税和税收抵扣等多种税收优惠政策,促进低碳技术研发应用。研究对低碳产品(企业)的增值税(所得税)优惠政策。企业购进或者自制低碳设备发生的进项税额,符合相关规定的,允许从销项税额中抵扣。实行鼓励先进节能低碳技术设备进口的税收优惠政策。落实促进新能源和可再生能源发展的税收优惠政策。在资源税、环境税、消费税、进出口税等税制改革中,积极考虑应对气候变化需要。研究符合我国国情的碳税制度。

完善政府采购政策。逐步建立完善强制性政府绿色低碳采购政策体系,有效增加绿色低碳产品市场需求。在低碳产品标识、认证工作基础上,研究编制低碳产品政府采购目录。财政资金优先采购低碳产品。研究将专业化节能服务纳入政府采购。

完善价格政策。加快推进能源资源价格改革,建立和完善反映资源稀缺程度、市场供求关系和环境成本的价格形成机制。逐步理顺天然气与可替代能源比价关系、煤电价格关系。积极推行差别电价、惩罚性电价、居民阶梯电价、分时电价,引导用户合理用电。深化供热体制改革,全面推进供热计量收费。积极推进水价改革,促进水资源节约合理配置。完善城市停车收费政策,建立分区域、分时段的差别收费政策。完善生活垃圾处理收费制度。

五、完善投融资政策

完善投资政策。研究建立重点行业碳排放准入门槛。探索运用投资补助、贷款贴息等多种手段，引导社会资本广泛投入应对气候变化领域，鼓励拥有先进低碳技术的企业进入基础设施和公用事业领域。支持外资投入低碳产业发展、适应气候变化重点项目及低碳技术研发应用。

强化金融支持。引导银行业金融机构建立和完善绿色信贷机制，鼓励金融机构创新金融产品和服务方式，拓宽融资渠道，积极为符合条件的低碳项目提供融资支持。提高抵抗气候变化风险的能力。根据碳市场发展情况，研究碳金融发展模式。引导外资进入国内碳市场开展交易活动。

发展多元投资机构。完善多元化资金支持低碳发展机制，研究建立支持低碳发展的政策性投融资机构。吸引社会各界资金特别是创业投资基金进入低碳技术的研发推广、低碳发展重大项目建设领域。积极发挥中国清洁发展机制基金和各类股权投资基金在低碳发展中的作用。

第八章　强化科技支撑

一、加强基础研究

加强气候变化监测预测研究。加强温室气体本底监测及相关研究。建立长序列、高精度的历史数据库和综合性、多源式的观测平台，重点推进气候变化事实、驱动机制、关键反馈过程及其不确定性等研究，提高对气候变化敏感性、脆弱性和预报性的研究水平。

专栏3　气候变化观测基础设施建设

气候观测：完成国家基准气候站优化调整，建设一批基准气候站、无人自动气候站、辐射观测站和高空基准气候观测站。

大气成分观测：对已建全球大气本底站和区域大气本底站进行升级改造，根据需要新建若干区域大气本底站。

海洋基本气候变量观测：建设近海及海岸带基准气候站海洋基本气候变量观测系统及海洋气候观测站。

陆地基本气候变量观测：建设基准气候站陆地基本气候变量观测系统。

数据共享平台：组建气候基本变量数据汇集中心，搭建气候观测系统数据处理与共享平台，开发数据产品，对社会提供共享和产品服务。

加强地球气候系统研究。重点推进气候变化的事实、机制、归因、模拟、预测研究，完善地球系统模式设计，开发高性能集成环境计算方法和高分辨率气候系统模式，实现关键过程的参数化和重要过程的耦合，模拟重要气候事件，为研究气候变化发展规律提供必要的定量工具。跟踪评估气候变化地球工程国际研究进展，有序开展相关科学研究。加强全球气候变化地质记录研究，揭示气候变化周期事件以及气候变化幅度、频率等差异性特征。

加强气候变化影响及适应研究。围绕水资源、农业、林业、海洋、人体健康、生态系统、重大工程、防灾减灾等重点领域和北方水资源脆弱区、农牧交错带、脆弱性海洋带、生态系统脆弱带、青藏高原等典型区域，加强气候变化影响的机理与评估方法研究，建立部门、行业、区域适应气候变化理论和方法学。

加强人类活动对气候变化影响研究。建立全球温室气体排放、碳转移监测网络，重点加强土地开发、近海利用、人为气溶胶排放与全球气候变化关系研究，客观评估人类活动对全球气候变化的影响。

加强与气候变化相关的人文社会科学研究。研究气候变化问题对人类社会政治、经济、社会发展、伦理道德、文化等各层面的影响，完善相关学科体系，加强系统性综合研究，为提升应对气候变化的公众意识和社会管理能力提供科学基础。

二、加大技术研发力度

能源领域。重点推进先进太阳能发电、先进风力发电、先进核能、海洋能、一体化燃料电池、智能电网、先进储能、页岩气煤层气开发、煤炭清洁高效开采利用等技术研发。研发二氧化碳捕集、利用和封存、干热岩科学钻探、人工储流层建造、中低温地热发电、浅层地温能高效利用等技术。

工业领域。重点推进电力、钢铁、建材、有色、化工和石化等高能耗行业重大节能技术与装备研发，开展能源梯级综合利用技术研发。

交通领域。重点推进新能源汽车关键零部件、高效内燃机、大涵道比涡扇发动机、航空动力综合能量管理、高效通用航空器发动机、航空生物燃料、节能船型、轨道交通等方面的技术研发。

建筑领域。重点推进集中供热、管网热量输送、绿色建筑、阻燃和不燃型节能建材、高效节能门窗、清洁炉灶、绿色照明、高效节能空调以及污水、污泥、生活垃圾和建筑垃圾无害化处置和资源化利用等技术研发。

农业和林业领域。重点推进农业生产过程减排、高产抗逆作物育种和栽培、森林经营、湿地保护与恢复、荒漠化治理等技术研发。发展生态功能恢复关键技术与珍稀濒危物种保护技术。加强农(林)业气候变化相关方法学研究。

专栏4　重点发展的低碳技术

1. 高参数超超临界关键技术；
2. 整体煤气化联合循环技术；
3. 非常规天然气资源的勘探与开发技术；
4. 先进太阳能、风能发电及大规模可再生能源储能和并网技术；
5. 新能源汽车技术及低碳替代燃料技术；
6. 被动式绿色低碳建筑技术；
7. 高效节能工艺及余能余热规模利用技术；

8. 城市能源供应侧和需求侧节能减碳技术；
9. 农林牧业及湿地固碳增汇技术；
10. 碳捕集、利用和封存技术。

专栏 5　重点发展的适应气候变化技术

1. 极端天气气候事件预测预警技术；
2. 非传统水资源开发利用技术；
3. 植物抗旱耐高温品种选育与病虫害防治技术；
4. 典型气候敏感生态系统的保护与恢复技术；
5. 气候变化影响与风险评估技术；
6. 应对极端天气气候事件的城市生命线工程安全保障技术；
7. 人工影响天气技术；
8. 媒介传播疾病防控技术；
9. 生物多样性保育与资源利用技术。

三、加快推广应用

加强技术示范应用。编制重点节能低碳技术推广目录，实施一批低碳技术示范项目。加快推进低碳技术产业化、低碳产业规模化发展，在钢铁、有色、石化、电力、煤炭、建材、轻工、装备、建筑、交通等领域组织开展低碳技术创新和产业化示范工程。对减排效果好、应用前景广阔的关键产品或核心部件组织规模化生产，提高研发、制造、系统集成和产业化能力。在农业、林业、水资源等重点领域，加强适应气候变化关键技术的示范应用。

健全相关支撑机制。形成低碳技术遴选、示范和推广的动态管理机制。加快建立政产学研用有效结合机制，引导企业、高校、科研院所等根据自身优势建立低碳技术创新联盟，形成技术研发、示范应用和产业化联动机制。强化技术产业化环境建设，增强大学科技园、企业孵化器、产业化基地、高新区等对技术产业化的支持力度。推动技术转移体系的完善和发展。

专栏 6　重点推广的应对气候变化技术

低碳技术

1. 能源领域：高效超超临界燃煤发电技术、高效燃气蒸汽联合循环发电技术、热电联产、分布式能源技术、大规模风力并网发电技术、太阳能光伏并网发电技术、先进核能技术、大容量长距离输电技术、智能微电网技术、高效变压器、煤电热一体化（多联产）技术、煤层气（煤矿瓦斯）规模开发和利用技术等。

2. 工业领域：高温高压干熄焦技术、转炉负能炼钢技术、新型结构铝电解槽技术、大型煤气化炉成套技术、余热余压综合利用技术、矿物节能粉磨技术等。

3. 交通领域：高效内燃机、混合动力汽车、纯电动汽车、替代燃料汽车、智能交通技术等。

4. 建筑领域:阻燃型节能建材、超低能耗建筑、可再生能源一体化建筑等。

5. 通用技术:高效热泵技术、高效电机、高效供热技术、高效供冷技术、绿色照明技术、高效换热技术、节能控制技术、先进材料技术等。

适应技术

旱作节水农艺栽培技术、抗霜冻害小麦品种选育技术、小麦冬季旱冻减灾技术、农作物田间自动观测技术、草地畜牧业适应气候变化综合技术、林火和林业有害生物防控技术、高温热浪预警防范技术、虫媒传播疾病防控技术等。

第九章　加强能力建设

一、健全温室气体统计核算体系

——建立健全温室气体排放基础统计制度。

——加强温室气体排放核算工作。

二、加强队伍建设

——健全工作协调机制和机构。

——加强学科和研究基地建设。

——健全相关支撑和服务机构。

——强化人才培养和队伍建设。

三、加强教育培训和舆论引导

——加强教育培训。

——营造良好氛围。

——完善应对气候变化信息发布渠道和制度,增强有关决策透明度。

——加强外宣工作。

第十章　深化国际交流与合作

一、推动建立公平合理的国际气候制度

——坚持联合国气候变化框架公约原则和基本制度。

——积极建设性参与国际气候谈判多边进程。

——承担与发展阶段、应负责任和实际能力相称的国际义务。

二、加强与国际组织、发达国家合作

——加强与国际组织合作。

——推动与发达国家合作。

——建立多领域、多层面的国际合作网络。

三、大力开展南南合作

——加强南南合作机制建设。

——支持发展中国家能力建设。

第十一章　组织实施

一、加强组织领导

——明确实施责任。

——加强跟踪评估。

二、强化统筹协调

——做好规划衔接。

——加强部门协作。

——落实资金保障。

三、建立评价考核机制

——分解目标任务。

——健全考核机制。

——强化问责制度。

参考文献

Abrahamson V, Wolf J, Lorenzoni I, et al. Perceptions of heatwave risks to health: interview-based study of older people in London and Norwich, UK[J]. J Public Health, 2009, 31(1):119-126.

Adel M, Farideh G, Somayeh M K, et al. Evaluating Effects of Heat Stress on Cognitive Function among Workers in a Hot Industry [J]. Health Promotion Perspectives, 2014, 4(2):240.

Akanji A O, Oputa R N. The effect of ambient temperature on glucose tolerance [J]. Diabetic Medicine, 2010, 8(10):946-948.

Akompab D, Bi P, Williams S, et al. Awareness of and Attitudes towards Heat Waves within the Context of Climate Change among a Cohort of Residents in Adelaide, Australia[J]. International Journal of Environmental Research and Public Health, 2012, 10(1):1-17.

Akompab D, Bi P, Williams S, et al. Heat Waves and Climate Change: Applying the Health Belief Model to Identify Predictors of Risk Perception and Adaptive Behaviours in Adelaide, Australia[J]. International Journal of Environmental Research and Public Health, 2013, 10(6):2164-2184.

Alana H, Peng B, Monika N, et al. Residential air-conditioning and climate change: voices of the vulnerable[J]. Health Promotion Journal of Australia, 2011, 22 (4):13-15.

Alana H, Peng B, Monika N, et al. The Effect of Heat Waves on Mental Health in a Temperate Australian City[J]. Environmental Health Perspectives, 2008, 116 (10):1369-1375.

Alhakami A S, Slovic P. A Psychological Study of the Inverse Relationship Between Perceived Risk and Perceived Benefit[J]. Risk analysis: an official publication of the Society for Risk Analysis, 1994, 14(6):1085-1096.

Allen S K, Plattner G K, Nauels A, et al. Climate Change 2013: The Physical Science Basis. An overview of the Working Group 1 contribution to the Fifth Assessment Report of the Intergovernmental Panel on Climate Change (IPCC) [J]. Computational Geometry, 2007, 18(2):95-123.

Amegah A K, Rezza G, Jaakkola J J K. Temperature-related morbidity and mortality in Sub-Saharan Africa: A systematic review of the empirical evidence[J]. Environment International, 2016, 91:133-149.

Analitis A, Katsouyanni K, Biggeri A, et al. Effects of Cold Weather on Mortality: Results From 15 European Cities Within the PHEWE Project[J]. American Journal of Epidemiology, 2008, 168(12):1397-1408.

Anderson B G, Bell M L. Weather-Related Mortality: How Heat, Cold, and Heat Waves Affect Mortality in the United States[J]. Epidemiology, 2009, 20(2):205-213.

Andrea S, David M, Richard B, et al. Emergency department visits, ambulance calls, and mortality associated with an exceptional heat wave in Sydney, Australia, 2011: a time-series analysis[J]. Environmental Health, 2012, 11(1):3.

Anna A, Will G, Mustapha A. Individual and Public-Program Adaptation: Coping with Heat Waves in Five Cities in Canada[J]. International Journal of Environmental Research and Public Health, 2011, 8(12):4679-4701.

Armstrong S B. An Overview of Methods for Calculating the Burden of Disease Due to Specific Risk Factors[J]. Epidemiology, 2006, 17(5):512-519.

Arnfield A J. Two decades of urban climate research: a review of turbulence, exchanges of energy and water, and the urban heat island[J]. International Journal of Climatology, 2003, 23(1):1-26.

Association between high temperature and mortality in metropolitan areas of four cities in various climatic zones in China: a time-series study[J]. Environmental Health, 2014, 13(1):65-65.

Baccini M, Biggeri A, Accetta G, et al. Heat Effects on Mortality in 15 European Cities[J]. Epidemiology, 2008, 19(5):711-719.

Baccini M, Kosatsky T, Analitis A, et al. Impact of heat on mortality in 15 European cities: attributable deaths under different weather scenarios[J]. J Epidemiol Community Health, 2011, 65(1):64-70.

Bai L, Cirendunzhu, Pengcuociren, Dawa, et al. Rapid warming in Tibet, China: public perception, response and coping resources in urban Lhasa[J]. Environmental Health, 2013. 12. (1):71.

Balato N, Megna M, Ayala F, et al. Effects of climate changes on skin diseases [J]. Expert Review of Anti-infective Therapy, 2014, 12(2):171-181.

Barriopedro D, Fischer E M, Luterbacher J, et al. The Hot Summer of 2010: Redrawing the Temperature Record Map of Europe[J]. Science, 2011, 332(6026):220-224.

Barros V, Stocker T F. Managing the risks of extreme events and disasters to advance climate change adaptation: special report of the Intergovernmental Panel on Climate Change [J]. Journal of Clinical Endocrinology & Metabolism, 2012, 18 (6):586-599.

Barrow M, Clark K. Heat-related illnesses[J]. American Family Physician, 1998, 58(3):749-756.

Barwise J A, Lancaster L J, Michaels D, et al. Technical communication: An initial evaluation of a novel anesthetic scavenging interface [J]. Anesthesia & Analgesia, 2011, 113(5):1064.

Basaga A X, Sartini C, Barrera-Gómez, Jose, et al. Heat Waves and Cause-specific Mortality at all Ages[J]. Epidemiology, 2011, 22(6):765-772.

Basu R, Ostro B D. A multicounty analysis identifying the populations vulnerable to mortality associated with high ambient temperature in California [J]. American Journal of Epidemiology, 2008, 168(6):632-637.

Basu R. High ambient temperature and mortality: A review of epidemiologic studies from 2001 to 2008 [J]. Environmental Health, 8, 1 (2009-09-16), 2009, 8 (1):1-13.

Basu R, Samet J M. Relation between elevated ambient temperature and mortality: a review of the epidemiologic evidence[J]. Epidemiologic Reviews, 2002, 24 (2):190-202.

Bayentin L, Adlouni S E, Ouarda T B M J, et al. Spatial variability of climate effects on ischemic heart disease hospitalization rates for the period 1989-2006 in Quebec, Canada[J]. International Journal of Health Geographics, 2010, 9(1):5.

Bedsworth L. Preparing for climate change: a perspective from local public health officers in California. [J]. Environmental Health Perspectives, 2009, 117(4):617-623.

Bedsworth L. Preparing California for a changing climate[J]. Climatic Change, 2012, 111(1):1-4.

Bell M L, Dominici F. Effect Modification by Community Characteristics on the Short-term Effects of Ozone Exposure and Mortality in 98 US Communities [J]. American Journal of Epidemiology, 2008, 167(8):986-997.

Bell M L, O″Neill M S, Ranjit N, et al. Vulnerability to heat-related mortality in Latin America: a case-crossover study in Sao Paulo, Brazil, Santiago, Chile and Mexico City, Mexico[J]. International Journal of Epidemiology, 2008, 37(4):796-804.

Bell M L, Zanobetti A, Dominici F. Evidence on Vulnerability and Susceptibility to Health Risks Associated With Short-Term Exposure to Particulate Matter: A Systematic Review and Meta-Analysis[J]. American Journal of Epidemiology, 2013, 178(6):865-876.

Benhelal, Emad, Zahedi, et al. Global strategies and potentials to curb CO_2 emissions in cement; industry[J]. Journal of Cleaner Production, 2013, 51(1): 142-161.

Benmarhnia T, Bailey Z, Kaiser D, et al. A Difference-in-Differences Approach to Assess the Effect of a Heat Action Plan on Heat-Related Mortality, and Differences in Effectiveness According to Sex, Age, and Socioeconomic Status(Montreal, Quebec)[J]. Environ Health Perspect, 2016, 124(11):1694-1699.

Berk R A, Schulman D. Public perceptions of global warming[J]. Climatic Change, 1995, 29(1):1-33.

Bernard S M, Mcgeehin M A. Municipal heat wave response plans[J]. American Journal of Public Health, 2004, 94(9):1520-1522.

Bi P, Iersel R V. The impact of heat waves on the elderly living in Australia: How should a heat health warning system be developed to protect them? [J]. IOP Conference Series: Earth and Environmental Science, 2009, 6(42):422008.

Bittner M I, Matthies E F, Dalbokova D, et al. Are European countries prepared for the next big heat-wave? [J]. European Journal of Public Health, 2014, 24(4):615-619.

Blatteis C M. Age-Dependent Changes in Temperature Regulation in 2013 A Mini Review[J]. Gerontology, 2012, 58(4):289-295.

Bouchama A, Knochel J P. Heat stroke[J]. N Engl J Med, 2015, 346(25):1978-1988.

Boyson C, Taylor S, Page L. The National Heatwave Plan: a brief evaluation of issues for frontline health staff[J]. Plos Currents, 2014, 6(6).

Braga A L F, Zanobetti A, Schwartz J. The effect of weather on respiratory and cardiovascular deaths in 12 U. S. cities. (Articles)[J]. Environmental Health Perspectives, 2002, 110(9):859-863.

Burton I, Huq S, Lim B, et al. From impacts assessment to adaptation priorities: the shaping of adaptation policy[J]. Climate Policy, 2002, 2(2-3):145-159.

Byrnes J, Miller D C, Shafer W D. Gender differences in risk taking: A meta analysis[J]. Psychological Bulletin, 1999, 125(3):367-383.

Field C B, Stocker T F, Barros V R, et al. IPCC Special Report on Managing the Risks of Extreme Events and Disasters to Advance Climate Change Adaptation[J]. American Geophysical Union, 2011.

Campbell-Lendrum D, Bertollini R, Neira M, et al. Health and climate change: a roadmap for applied research[J]. 2009, 373(9676):0-1665.

Carson C, Hajat S, Armstrong B, et al. Declining Vulnerability to Temperature-related Mortality in London over the 20th Century [J]. American Journal of Epidemiology, 2006, 164(1):77-84.

Cerutti B, Tereanu C, Domenighetti G, et al. Temperature related mortality and ambulance service interventions during the heat waves of 2003 in Ticino(Switzerland) [J]. Sozial-und Praeventivmedizin, 2006, 51(4):185-193.

Chapman R, Howden-Chapman P, Keall M, et al. Increasing active travel: Aims, methods and baseline measures of a quasi-experimental study[J]. BMC Public Health, 2014, 14(1):935.

Colwell R R, Epstein P R, Gubler D, et al. Climate Change and Human Health [J]. Science, 1998, 279(5353):968-969.

Coris E E, Ramirez A M, Van Durme D J. Heat illness in athletes: the dangerous combination of heat, humidity and exercise[J]. Sports Medicine, 2004, 34(1):9.

Costello A, Abbas M, Allen A, et al. Managing the health effects of climate change: Lancet and University College London Institute for Global Health Commission [J]. The Lancet, 2009, 373(9676):1693-1733.

Coumou D, Robinson A. Historic and future increase in the global land area affected by monthly heat extremes [J]. Environmental Research Letters, 2013, 8 (3):034018.

Ebi K, Teisberg T, Kalkstein L, et al. heat watch/warning systems save lives: estimated costs and benefits for philadelphia 1995-1998[J]. Bulletin of the American Meteorological Society, 2003, 14(8).

Ebi K L, Schmier J K. A stitch in time: improving public health early warning systems for extreme weather events[J]. Epidemiologic Reviews, 2005, 27(1):115-121.

Ebi K L. Key themes in the Working Group Ⅱ contribution to the Intergovernmental Panel on Climate Change 5th assessment report [J]. Climatic Change, 2012, 114(3-4):417-426.

Emslie C, Fuhrer R, Hunt K, et al. Gender differences in mental health: evidence from three organisations[J]. Social Science & Medicine, 2002, 54(4):621-624.

Ensminger M E, Celentano D D. Gender differences in the effect of unemployment on psychological distress[J]. Social Science & Medicine, 1990, 30(4):469-477.

Fealey R D, Low P A, Thomas J E. Thermoregulatory Sweating Abnormalities in Diabetes Mellitus[J]. Mayo Clinic Proceedings, 1989, 64(6):617-628.

Forst T, Caduff A, Talary M, et al. Impact of environmental temperature on skin thickness and microvascular blood flow in subjects with and without diabetes [J]. Diabetes Technol Ther, 2006, 8(1):94-101.

Gabriel K M A, Endlicher W R. Urban and rural mortality rates during heat waves in Berlin and Brandenburg, Germany[J]. Environmental Pollution, 2011, 159(8-9): 2044-2050.

Gasparrini A, Guo Y, Hashizume M, et al. Mortality risk attributable to high and low ambient temperature: a multicountry observational study[J]. The Lancet, 2015, 386(9991):369-375.

Gasparrini A, Guo Y, Hashizume M, et al. Temporal Variation in Heat-Mortality Associations: A Multicountry Study[J]. Environ Health Perspect, 2015, 123(11): 1200-1207.

Gasparrini A, Leone M. Attributable risk from distributed lag models[J]. Bmc Medical Research Methodology, 2014, 14(1):55.

Gasparrini A, Armstrong B, Kenward M G. Distributed lag non-linear models[J]. Stat Med, 2017, 29(21): 2224-2234.

Goggins W B, Chan E Y Y, Ng E, et al. Effect Modification of the Association between Short-term Meteorological Factors and Mortality by Urban Heat Islands in Hong Kong[J]. PLOS ONE, 2012, 7.

Gosling S N, Mcgregor G R, Anna Páldy. Climate change and heat-related mortality in six cities Part 1: model construction and validation [J]. International Journal of Biometeorology, 2007, 51(6):525-540.

Gouveia N. Socioeconomic differentials in the temperature—mortality relationship in Sao Paulo, Brazil[J]. International Journal of Epidemiology, 2003, 32(>3):390-397.

Green R S, Basu R, Malig B, et al. The effect of temperature on hospital admissions in nine California counties[J]. International Journal of Public Health, 2010, 55(2):113-121.

Gronlund C J, Berrocal V J, White-Newsome J L, et al. Vulnerability to extreme heat by socio-demographic characteristics and area green space among the elderly in Michigan, 1990—2007[J]. Environmental Research, 2015, 136:449-461.

Grothmann T, Patt A. Adaptive capacity and human cognition: The process of individual adaptation to climate change[J]. Global Environmental Change, 2005, 15(3):0-213.

Guindon S M, Nirupama N. Reducting risk from urban heat island effects in cities [J]. Natural Hazards, 2015, 77(2):823-831.

Guo Y, Barnett A G, Pan X, et al. The Impact of Temperature on Mortality in Tianjin, China: A Case-Crossover Design with a Distributed Lag Nonlinear Model[J]. Environmental Health Perspectives, 2011, 119(12):1719-1725.

Guo Y, Barnett A G, Tong S. High temperatures-related elderly mortality varied greatly from year to year: important information for heat-warning systems [J].

Scientific Reports, 2012, 2(6108):830.

Guo Y, Punnasiri K, Tong S. Effects of temperature on mortality in Chiang Mai city, Thailand: a time series study[J]. Environmental Health, 2012, 11(1):36.

Guo Y, Wang Z, Li S, et al. Temperature Sensitivity in Indigenous Australians [J]. Epidemiology, 2013, 24(3):471-472.

Guo Y, Gasparrini A, Armstrong B, et al. Global variation in the effects of ambient temperature on mortality: a systematic evaluation[J]. Epidemiology, 2014, 25 (6):781-789.

Haines A, Kovats R S, Campbell L D, et al. Climate change and human health: impacts, vulnerability, and mitigation[J]. Lancet, 2006, 120(7):585-596.

Haines, A. Climate change and health strengthening the evidence base for policy [J]. American Journal of Preventive Medicine, 2008, 35, 411-413.

Hajat S, Armstrong B, Baccini M, et al. Impact of High Temperatures on Mortality[J]. Epidemiology, 2006, 17(6):632-638.

Hajat S, Kosatky T. Heat-related mortality: a review and exploration of heterogeneity[J]. Journal of Epidemiology & Community Health, 2010, 64(9): 753-760.

Hajat, S. Impact of hot temperatures on death in London: a time series approach [J]. Journal of Epidemiology & Community Health, 2002, 56(5):367-372.

Hansen A, Bi P, Nitschke M, et al. Older persons and heat-susceptibility: the role of health promotion in a changing climate[J]. Health Promotion Journal of Australia, 2011, 22(4):17-20.

Hansen A, Bi P, Nitschke M, et al. Perceptions of heat-susceptibility in older persons: barriers to adaptation[J]. International Journal of Environmental Research & Public Health, 2011, 8(12):4714-4728.

Haque M A, Yamamoto S S, Malik A A, et al. Households' perception of climate change and human health risks: A community perspective[J]. Environmental Health, 2012, 11(1):1.

Harlan S L, Brazel A J, Prashad L, et al. Neighborhood microclimates and vulnerability to heat stress[J]. Social Science and Medicine, 2006, 63(11):2847-2863.

Heatwaves and their impact on people with alcohol, drug and mental health conditions: a discussion paper on clinical practice considerations[J]. Journal of Advanced Nursing, 2011, 67(4):915-922.

Heltberg R, Bonchosmolovskiy M. Mapping vulnerability to climate change[J]. Social Science Electronic Publishing, 2011.

Holmner A, Rocklov J, Ng N, et al. Climate change and eHealth: a promising strategy for health sector mitigation and adaptation[J]. Global Health Action, 2012, 5: 1-9.

Huang W, Kan H, Kovats S. The impact of the 2003 heat wave on mortality in Shanghai, China[J]. Science of the Total Environment, 2010, 408(11):2418-2420.

Huang Z, Lin H, Liu Y, et al. Individual-level and community-level effect modifiers of the temperature-mortality relationship in 66 Chinese communities[J]. Bmj Open, 2015, 5(9):e009172.

Ibrahim J E, Mcinnes J A, Andrianopoulos N, et al. Minimising harm from heatwaves: a survey of awareness, knowledge, and practices of health professionals and care providers in Victoria, Australia[J]. International Journal of Public Health, 2012, 57(2):297-304.

Ibrahim J E, Mcinnes J A, Andrianopoulos N, et al. Minimising harm from heatwaves: a survey of awareness, knowledge, and practices of health professionals and care providers in Victoria, Australia[J]. International Journal of Public Health, 2012, 57(2):297-304.

Jalonne W N, Sabrina M C, Natalie S, et al. Strategies to Reduce the Harmful Effects of Extreme Heat Events: A Four-City Study[J]. International Journal of Environmental Research and Public Health, 2014, 11(2):1960-1988.

Jay O, Cramer M, Hodder S, et al. Should electric fans be used during a heat wave? [J]. Applied Ergonomics, 2015, 46:137-143.

Jens ü. Pfafferott, Herkel S, Kalz D E, et al. Comparison of low-energy office buildings in summer using different thermal comfort criteria[J]. Energy & Buildings, 2007, 39(7):750-757.

Kakkad K, Barzaga M L, Wallenstein S, et al. Neonates in Ahmedabad, India, during the 2010 Heat Wave: A Climate Change Adaptation Study[J]. Journal of Environmental and Public Health, 2014, 2014:1-8.

Kalkstein A J, Sheridan S C. The social impacts of the heat-health watch/warning system in Phoenix, Arizona: assessing the perceived risk and response of the public[J]. International Journal of Biometeorology, 2007, 52(1):43-55.

Karen A, Roberto D B, Peter B, et al. Public Perceptions of Climate Change as a Human Health Risk: Surveys of the United States, Canada and Malta[J]. International Journal of Environmental Research and Public Health, 2010, 7(6):2559-2606.

Karl T, Knight R, Gallo K, et al. A new perspective on recent global warming: Asymmetric trends of daily maximum and minimum temperature[J]. Bull. amer. meteor. soc, 1993, 74(6):1007-1024.

Keatinge W R, Coleshaw S R, Easton J C, et al. Increased platelet and red cell counts, blood viscosity, and plasma cholesterol levels during heat stress, and mortality from coronary and cerebral thrombosis[J]. American Journal of Medicine, 1986, 81(5):795-800.

Keellings D, Waylen P. Increased risk of heat waves in Florida: Characterizing changes in bivariate heat wave risk using extreme value analysis [J]. Applied Geography, 2014, 46:90-97.

Keellings D, Waylen P. Increased risk of heat waves in Florida: Characterizing changes in bivariate heat wave risk using extreme value analysis [J]. Applied Geography, 2014, 46:90-97.

Kellstedt P M, Zahran S, Vedlitz A. Personal Efficacy, the Information Environment, and Attitudes Toward Global Warming and Climate Change in the United States[J]. Risk analysis: an official publication of the Society for Risk Analysis, 2008, 28(1):113-126.

Kenny G P, Yardley J, Brown C, et al. Heat stress in older individuals and patients with common chronic diseases[J]. Canadian Medical Association Journal, 2010, 182(10):1053-1060.

Kim Y H, Baik J J. Spatial and Temporal Structure of the Urban Heat Island in Seoul[J]. Journal of Applied Meteorology, 2005, 44(5):591-605.

Kim Y, Joh S. A vulnerability study of the low-income elderly in the context of high temperature and mortality in Seoul, Korea[J]. Science of the Total Environment, 2006, 371(1-3):82.

Knowlton K, Rotkin-Ellman M, King G, et al. The 2006 California Heat Wave: Impacts on Hospitalizations and Emergency Department Visits [J]. Environmental Health Perspectives, 2009, 117(1):61-67.

Kosatsky T, Dufresne J, Richard L, et al. Heat awareness and response among Montreal residents with chronic cardiac and pulmonary disease [J]. Can J Public Health, 2009, 100(3):237-240.

Kovats R S, Kristie L E. Heatwaves and public health in Europe[J]. European Journal of Public Health, 2006, 16(6):592-599.

Kovats R S. Will climate change really affect our health? Results from a European assessment[J]. Menopause International(formerly Journal of the British Menopause Society), 2005, 10(4):139-144.

Kravchenko J, Abernethy A P, Fawzy M, et al. Minimization of Heatwave Morbidity and Mortality [J]. American Journal of Preventive Medicine, 2013, 44(3):274-282.

Krizek K J, Handy S L, Forsyth A . Explaining changes in walking and bicycling behavior: challenges for transportation research[J]. Environment & Planning B Planning & Design, 2009, 36(4):725-740.

Lai L W, Cheng W L. Air quality influenced by urban heat island coupled with synoptic weather patterns[J]. Science of the Total Environment, 2009, 407(8): 2724-2733.

Last J, Logan H. Monitoring, surveillance and research needs. Public health planning priorities and policy options[J]. Canadian journal of public health = Revue canadienne de sante-publique, 1999, 90(6):SU 1.

Lefevre C E, W Ndi B D B, Taylor A L, et al. Heat protection behaviors and positive affect about heat during the 2013 heat wave in the United Kingdom[J]. Social Science & Medicine, 2015, 128:282-289.

Leiserowitz A A. American Risk Perceptions: Is Climate Change Dangerous? [J]. Risk analysis: an official publication of the Society for Risk Analysis, 2005, 25(6): 1433-1442.

Leiserowitz A. Climate Change Risk Perception and Policy Preferences: The Role of Affect, Imagery, and Values[J]. Climatic Change, 2006, 77(1-2):45-72.

Lewis N, Curry J A. The implications for climate sensitivity of AR5 forcing and heat uptake estimates[J]. Climate Dynamics, 2015, 45(3-4):1009-1023.

Lewis P. Climate change 2007: The Physical Science Basis[J]. South African Geographical Journal Being A Record of the Proceedings of the South African Geographical Society, 2007, 92(1):86-87.

Li J, Xu X, Wang J, et al. Analysis of a Community-based Intervention to Reduce Heat-related Illness during Heat Waves in Licheng, China:a Quasi-experimental Study [J]. 生物医学与环境科学(英文版),2016,29(11):812-813.

Li J, Xu X, Yang J, et al. Ambient high temperature and mortality in Jinan, China: A study of heat thresholds and vulnerable populations[J]. Environmental Research, 2017, 156:657-664.

Li T, Horton R, Kinney P. Projecting Temperature—related Mortality Impacts in New York City Under a Changing Climate[J]. Epidemiology, 2011, 22(1):S15.

Lim Y H. Temperature and cardiovascular deaths in the US elderly: Changes over time[J]. Epidemiology, 2007, 18(3):369-372.

Liu T, Xu Y J, Zhang Y H, et al. Associations between risk perception, spontaneous adaptation behavior to heat waves and heatstroke in Guangdong province, China[J]. Bmc Public Health, 2013, 13(1):913-913.

Lowe D, Ebi K L, Forsberg B. Heatwave Early Warning Systems and Adaptation Advice to Reduce Human Health Consequences of Heatwaves[J]. International Journal of Environmental Research and Public Health, 2011, 8(12):4623-4648.

M Belén Gómez-Martín, Xosé A. Armesto-López…. The Spanish tourist sector facing extreme climate events: a case study of domestic tourism in the heat wave of 2003[J]. International Journal of Biometeorology, 2014, 58(5):781-797.

Ma W, Chen R, Kan H. Temperature-related mortality in 17 large Chinese cities: How heat and cold affect mortality in China[J]. Environmental Research, 2014, 134: 127-133.

Ma W, Wang L, Lin H, et al. The temperature-mortality relationship in China: An analysis from 66 Chinese communities[J]. Environmental Research, 2014, 137C:72-77.

Ma W, Xu X, Peng L, et al. Impact of extreme temperature on hospital admission in Shanghai, China[J]. Science of the Total Environment, 2011, 409(19):3634-3637.

Ma W, Zeng W, Zhou M, et al. The short-term effect of heat waves on mortality and its modifiers in China: An analysis from 66 communities [J]. Environment International, 2015, 75:103-109.

Magee N, Curtis J, Wendler G. The Urban Heat Island Effect at Fairbanks, Alaska[J]. Theoretical and Applied Climatology, 1999, 64(1-2):39-47.

Maibach E W, Chadwick A, Mcbride D, et al. Climate Change and Local Public Health in the United States: Preparedness, Programs and Perceptions of Local Public Health Department Directors[J]. PLOS ONE, 2008, 3(7):e2838.

Maldonado-Hinarejos, R A Sivakumar, J W Polak. Exploring the role of individual attitudes and perceptions in predicting the demand for cycling: a hybrid choice modelling approach[J]. Transportation, 2014. 41(6): 1287-1304.

Mammarella A, Paoletti V, ; Illnesses associated with high environmental temperature[J]. La Clinica Terapeutica, 1989, 131(3):195-201.

Marco Morabito, Francesco Profili, Alfonso Crisci, Paolo Francesconi, Gian Franco Gensini;Simone Orl. Heat-related mortality in the Florentine area(Italy) before and after the exceptional 2003 heat wave in Europe: an improved public health response? [J]. International Journal of Biometeorology, 2012, 56(5):801-810.

Marie S. O'Neill, Carter R, Kish J K, et al. Preventing heat-related morbidity and mortality: New approaches in a changing climate[J]. Maturitas, 2009, 64(2):98-103.

Martinez G S, Imai C, Masumo K. Local Heat Stroke Prevention Plans in Japan: Characteristics and Elements for Public Health Adaptation to Climate Change [J]. International Journal of Environmental Research and Public Health, 2011, 8(12):4563-4581.

Mauskopf J A, Paul J E, Grant D M, et al. The role of cost-consequence analysis in healthcare decision-making[J]. Pharmaco Economics, 1998,13(3):277-288.

Mcgeehin M A, Mirabelli M. The potential impacts of climate variability and change on temperature-related morbidity and mortality in the United States [J]. Environmental Health Perspectives, 2001, 109(suppl 2):185-189.

Mcmillan M, Shepherd A, Sundal A, et al. Increased ice losses from Antarctica detected by CryoSat-2[J]. Geophysical Research Letters, 2014, 41(11):3899-3905.

Medina-Ramón, Mercedes, Zanobetti A, Cavanagh D P, et al. Extreme Temperatures and Mortality: Assessing Effect Modification by Personal Characteristics and Specific Cause of Death in a Multi-City Case-Only Analysis [J]. Environmental Health Perspectives, 2006, 114(9):1331-1336.

Mikhailidis D P, Jeremy J Y, Barradas M A, et al. Increases in platelet and red cell counts, blood viscosity, and arterial pressure during mild surface cooling[J]. BMJ, 1985, 290(6461):74-75.

Miron I J, Montero J C, Juan José Criado-Alvarez, et al. Intense cold and mortality in Castile-La Mancha(Spain): study of mortality trigger thresholds from 1975 to 2003[J]. International Journal of Biometeorology, 2012, 56(1):145-152.

Moore R, Mallonee S, Sabogal R I, et al. From the Centers for Disease Control and Prevention. Heat-related deaths-four states, July-August 2001, and United States, 1979—1999[J]. Jama, 2002, 288(8):950.

Moses R G, Patterson M J, Regan J M, et al. A non-linear effect of ambient temperature on apparent glucose tolerance[J]. Diabetes Research and Clinical Practice, 1997, 36(1):0-40.

Murray C J L. Global burden of disease and risk factors[J]. Washington D, 2006, 22(3):277-283.

Nakai S, Itoh T, Morimoto T. Deaths from heat-stroke in Japan: 1968-1994[J]. International Journal of Biometeorology, 1999, 43(3):124-127.

Nigatu A S, Asamoah B O, Kloos H. Knowledge and perceptions about the health impact of climate change among health sciences students in Ethiopia: a cross-sectional study[J]. BMC Public Health, 2014, 14.

Nitschke M, Tucker G R, Hansen A L, et al. Impact of two recent extreme heat episodes on morbidity and mortality in Adelaide, South Australia: a case-series analysis [J]. Environmental Health, 2011, 10(1):42.

Nitschke M, Hansen A, Bi P, et al. Risk factors, health effects and behaviour in older people during extreme heat: a survey in South Australia[J]. International Journal of Environmental Research & Public Health, 2013, 10(12):6721-6733.

Ogilvie D, Mitchell R, Mutrie N, et al. Evaluating Health Effects of Transport Interventions: Methodologic Case Study[J]. American Journal of Preventive Medicine, 2006, 31(2):0-126.

Omer A M. Renewable building energy systems and passive human comfort solutions[J]. Renewable & Sustainable Energy Reviews, 2008, 12(6):1562-1587.

Pachauri R, Reisinger A. Climate change 2007: synthesis report [J]. Environmental Policy Collection, 2007, 27(2):408.

Painter K. The influence of street lighting improvements on crime, fear and pedestrian street use, after dark[J]. Landscape & Urban Planning, 1996, 35(2): 193-201.

Pascal M, Vérène Wagner, Alain Le Tertre. Definition of temperature thresholds: the example of the French heat wave warning system[J]. International Journal of Biometeorology, 2013, 57(1):21-29.

Patz J A, Campbell-Lendrum D, Holloway T, et al. Impact of Regional Climate Change on Human Health. [J]. Nature, 2005, 438(7066):310-317.

Patz J A, Khaliq M. Global Climate Change and Health: Challenges for Future Practitioners[J]. JAMA, 2002, 287(17):2283.

Peng R D, Bobb J F, Tebaldi C, et al. Toward a Quantitative Estimate of Future Heat Wave Mortality? under Global Climate Change [J]. Environmental Health Perspectives, 2010, 119(5):701-706.

Perry R W, Lindell M K . Aged Citizens in the Warning Phase of Disasters: Re-Examining the Evidence[J]. International Journal of Aging & Human Development, 1997, 44(4):257.

Piontek F, Müller, Cristoph, Pugh T A M, et al. Multisectoral climate impact hotspots in a warming world[J]. Proceedings of the National Academy of Sciences of the United States of America, 2014, 111(9):32-33.

Porritt S M, Cropper P C, Shao L, et al. Ranking of interventions to reduce dwelling overheating during heat waves[J]. Energy and Buildings, 2012, 55:16-27.

Portier C J, Tart K T, Carter S R, et al. A Human Health Perspective On Climate Change: A Report Outlining the Research Needs on the Human Health Effects of Climate Change[J]. Environmental Health Perspectives, 2013.

Prevention (CDC). Heat-related mortality-Chicago, July 1995 [J]. Mmwr Morbidity & Mortality Weekly Report, 1995, 44(31):577.

Price K, Stéphane Perron, King N. Implementation of the Montreal Heat Response Plan During the 2010 Heat Wave[J]. Canadian Journal of Public Health, 2013, 104(2):e96-e100.

Ray B, Germain L, Pierre G, et al. Health impacts of the July 2010 heat wave in Québec, Canada[J]. BMC Public Health, 2013, 13(1):56.

Risk Factors, Health Effects and Behaviour in Older People during Extreme Heat:

A Survey in South Australia[J]. International Journal of Environmental Research and Public Health, 2013, 10(12):6721-6733.

Robine J M, Cheung S L K, Roy S L, et al. Death toll exceeded 70,000 in Europe during the summer of 2003[J]. Comptes Rendus Biologies, 2008, 331(2):0-178.

Russo S, Dosio A, Graversen R G, et al. Magnitude of extreme heat waves in present climate and their projection in a warming world[J]. Journal of Geophysical Research: Atmospheres, 2014, 119(22):12500-12512.

Sch R C, Jendritzky G. Climate change: Hot news from summer 2003[J]. Nature, 2004, 432(7017):559-560.

School legislation: Urban form changes and children's active transportation to school[J]. American Journal of Preventive Medicine, 2005, 28(2):134-140.

Schwartz J. Assessing Confounding, Effect Modification, and Thresholds in the Association between Ambient Particles and Daily Deaths[J]. Environ Health Perspect, 2000, 108(6):563-568.

Seung S Y, Jongsik H. Policy Directions Addressing the Public Health Impact of Climate Change in South Korea: The Climate-change Health Adaptation and Mitigation Program[J]. Environmental Health & Toxicology, 2012, 27(27):e2012018.

Shaw C, Hales S, Howdenchapman P, et al. Health co-benefits of climate change mitigation policies in the transport sector[J]. Nature Climate Change, 2014, 4(6):427-433.

Sheridan S C. A survey of public perception and response to heat warnings across four North American cities: an evaluation of municipal effectiveness[J]. International Journal of Biometeorology, 2007, 52(1):3-15.

Short C A, Lomas K J, Woods A. Design strategy for low-energy ventilation and cooling within an urban heat island[J]. Building Research & Information, 2004, 32(3):187-206.

Smargiassi A, Goldberg M S, Plante C, et al. Variation of daily warm season mortality as a function of micro-urban heat islands[J]. Journal of Epidemiology & Community Health, 2009, 63(8):659-664.

Smoyer K E, Rainham D G C, Hewko J N. Heat-stress-related mortality in five cities in Southern Ontario: 1980—1996[J]. International Journal of Biometeorology, 2000, 44(4):190-197.

Solomon S. Summary for Policy Makers. In Climate Change 2007: The Physical Science Basis. Contribution of Working Group I to the Fourth Assessment Report of the Intergovernmental Panel on Climate Change[J]. Intergovernmental Panel on Climate Change Climate Change, 2007, 18(2):95-123.

Son J Y, Lee J T, Anderson G B, et al. The Impact of Heat Waves on Mortality in Seven Major Cities in Korea[J]. Environmental Health Perspectives, 2012, 120(4):566-571.

Stafoggia M, Forastiere F. Vulnerability to Heat-Related Mortality: A Multicity, Population-Based, Case-Crossover Analysis[J]. Epidemiology, 2006, 17(3):315-323.

Stafoggia M, Forastiere F, Agostini D, et al. Vulnerability to heat-related mortality: a multicity, population-based, case-crossover analysis[J]. Epidemiology, 2006, 17(3):315-323.

Stone B, Vargo J, Liu P, et al. Avoided Heat-Related Mortality through Climate Adaptation Strategies in Three US Cities[J]. PLoS ONE, 2014, 9(6):e100852.

Stone B, Vargo J, Liu P, et al. Climate Change Adaptation Through Urban Heat Management in Atlanta, Georgia[J]. Environmental Science & Technology, 2013, 47(14):7780-7786.

Summary of Natural Hazard Statistics for 2012 in the United States. Available online: http://www.nws.noaa.gov/os/hazstats/sum12.pdf(accessed on 1 May 2016).

Sun P C, Lin H D, Jao S H, et al. Thermoregulatory sudomotor dysfunction and diabetic neuropathy develop in parallel in at-risk feet.[J]. Diabetic Medicine, 2010, 25(4):413-418.

Sun X, Sun Q, Zhou X, et al. Heat wave impact on mortality in Pudong New Area, China in 2013[J]. Science of the Total Environment, 2014, 493(5):789-794.

Tan J, Zheng Y, Tang X, et al. The urban heat island and its impact on heat waves and human health in Shanghai[J]. International Journal of Biometeorology, 2010, 54(1):75-84.

The effect of ambient temperature on diabetes mortality in China: A multi-city time series study[J]. Science of the Total Environment, 2016, 543(Pt A):75-82.

The effects of summer temperature and heat waves on heat-related illness in a coastal city of China, 2011—2013[J]. Environmental Research, 2014, 132:212-219.

Tong S, Fitzgerald G, Wang X Y, et al. Exploration of the health risk-based definition for heatwave: A multi-city study[J]. Environmental Research, 2015, 142(2015):696-702.

Tong S, Minhua Z, Rongqing H, et al. Strategy of Adaptation to Extreme High Temperature in Summer of Ji'nan City under Urban Expansion and Urban Heat Island Effect[J]. Modern Urban Research, 2014,4:67-72.

Toutant S, Gosselin P, Diane Bélanger, et al. An open source Web application for the surveillance and prevention of the impacts on public health of extreme meteorological events: The SUPREME system[J]. International Journal of Health Geographics, 2011, 10(1):39.

Turner L R, Barnett A G, Connell D, et al. Ambient temperature and cardiorespiratory morbidity: a systematic review and meta-analysis[J]. Epidemiology, 2012, 23(4):594.

Vale L, Thomas R, Maclennan G, et al. Systematic review of economic evaluations and cost analyses of guideline implementation strategies[J]. The European Journal of Health Economics, 2007, 8(2):111-121.

Vandentorren S, Bretin P, Zeghnoun A, et al. August 2003 heat wave in France: risk factors for death of elderly people living at home[J]. European Journal of Public Health, 2006, 16(6):583-591.

Vaneckova P, Beggs P J, de Dear R J, et al. Effect of temperature on mortality during the six warmer months in Sydney, Australia, between 1993 and 2004[J]. Environmental Research, 2008, 108(3):361-369.

Vitek J D, Berta S M. Improving perception of and response to natural hazards: The need for local education[J]. Journal of Geography, 1982, 81(6):225-228.

Wanka A, Arnberger A, Allex B, et al. The challenges posed by climate change to successful ageing[J]. Zeitschrift Für Gerontologie Und Geriatrie, 2014, 47(6):468-474.

Watts N, Adger P W N, Agnolucci P, et al. Health and climate change: Policy response to protect public health[J]. The Lancet, 2015, 386(10006):1861-1914.

Wei T, Yang S, Moore JC, et al. Developed and developing world responsibilities for historical climate change and CO_2 mitigation. Proc Natl Acad Sci USA 2012, 109, 12911-12915.

Weisskopf M G, Anderson H A, Foldy S, et al. Heat Wave Morbidity and Mortality, Milwaukee, Wis, 1999 vs 1995: An Improved Response? [J]. American Journal of Public Health, 2002, 92(5):830-833.

Whitenewsome J L, Brisa N. Sánchez, Parker E A, et al. Assessing heat-adaptive behaviors among older, urban-dwelling adults[J]. Maturitas, 2011, 70(1):85-91.

Whitman S, Good G, Donoghue E R, et al. Mortality in Chicago attributed to the July 1995 heat wave. [J]. American Journal of Public Health, 1997, 87(9):1515-1518.

Williams S, Nitschke M, Sullivan T, et al. Heat and health in Adelaide, South Australia: Assessment of heat thresholds and temperature relationships[J]. Science of the Total Environment, 2012, 414:126-133.

Williams S, Nitschke M, Tucker G, et al. Extreme Heat Arrangements in South Australia: an assessment of trigger temperatures[J]. Health promotion journal of Australia: official journal of Australian Association of Health Promotion Professionals, 2011, 22(4):S21-7.

Williams S, Nitschke M, Weinstein P, et al. The impact of summer temperatures and heatwaves on mortality and morbidity in Perth, Australia 1994—2008 [J]. Environment International, 2012, 40:0-38.

Wilson L, Black D A, Veitch C. Heatwaves and the elderly: the role of the GP in reducing morbidity[J]. Australian Family Physician, 2011, 40(8):637.

Wolfe M I, Kaiser R, Naughton M P, et al. Heat-Related Mortality in Selected United States Cities, Summer 1999[J]. The American Journal of Forensic Medicine and Pathology, 2001, 22(4):352-357.

Woodruff R E, Mcmichael T, Butler C, et al. Action on climate change: the health risks of procrastinating[J]. Australian & New Zealand Journal of Public Health, 2010, 30(6):567-571.

World Health Organization. Quantitative Risk Assessment of the Effects of Climate Change on Selected Causes of Death, 2030s and 2050s; WHO: Geneva, Switzerland, 2014.

Wu W, Xiao Y, Li G, et al. Temperature-mortality relationship in four subtropical Chinese cities: A time-series study using a distributed lag non-linear model [J]. Science of The Total Environment, 2013, 449:355-362.

Xiang J, Bi P, Pisaniello D, et al. The impact of heatwaves on workers? health and safety in Adelaide, South Australia[J]. Environmental Research, 2014, 133:90-95.

Xu Z, Etzel R A, Su H, et al. Impact of ambient temperature on children's health: A systematic review[J]. Environmental Research, 2012, 117.

Xu Z, Sheffield P E, Hong Su. The impact of heat waves on children's health: a systematic review[J]. International Journal of Biometeorology, 2014, 58(2):239-247.

Yang J, Liu H Z, Chun Quan O U, et al. Impact of Heat Wave in 2005 on Mortality in Guangzhou, China[J]. Biomedical & Environmental Sciences, 2013, 26(8):647-654.

Yang J, Yin P, Zhou M, et al. The burden of stroke mortality attributable to cold and hot ambient temperatures: Epidemiological evidence from China[J]. Environment International, 2016, 92-93:232-238.

Yang J. Daily temperature and mortality: A study of distributed lag non-linear effect and effect modification in Guangzhou[J]. Environmental Health, 2012, 11(1):63-63.

Yau Y H, Hasbi S. A review of climate change impacts on commercial buildings and their technical services in the tropics[J]. Renewable and Sustainable Energy Reviews, 2013, 18:430-441.

Yellowlees P M, Chorba K, Burke Parish M, et al. Telemedicine Can Make Healthcare Greener[J]. Telemedicine and e-Health, 2010, 16(2):229-232.

Yong S A, Reid D A, Tobin A E. Heatwave hyponatraemia: a case series at a single Victorian tertiary centre during January 2014[J]. Internal Medicine Journal, 2015, 45(2): 211-214.

Yonghong L, Li L, Yulin W, et al. Extremely cold and hot temperatures increase the risk of diabetes mortality in metropolitan areas of two Chinese cities [J].

Environmental Research, 2014, 134:91-97.

Yu W, Hu W, Mengersen K, et al. Time course of temperature effects on cardiovascular mortality in Brisbane, Australia[J]. Heart, 2011, 97(13):1089-1093.

Yu W, Mengersen K, Wang X, et al. Daily average temperature and mortality among the elderly: a meta-analysis and systematic review of epidemiological evidence [J]. International Journal of Biometeorology, 2012, 56(4):569-581.

Yu W, Vaneckova P, Mengersen K, et al. Is the association between temperature and mortality modified by age, gender and socio—economic status? [J]. Science of the Total Environment, 2010, 408(17):3513-3518.

Zanobetti A, Luttmann-Gibson H, Horton E S, et al. Brachial Artery Responses to Ambient Pollution, Temperature, and Humidity in People with Type 2 Diabetes: A Repeated— Measures Study[J]. Environmental Health Perspectives, 2014, 122(3): 242-248.

Zanobetti A, O′Neill M S, Gronlund C J, et al. Susceptibility to mortality in weather extremes: effect modification by personal and small-area characteristics[J]. Epidemiology, 2013, 24(6):809-819.

Zeka, A. Individual-Level Modifiers of the Effects of Particulate Matter on Daily Mortality[J]. American Journal of Epidemiology, 2006, 163(9):849-859.

Zelle S G, Tatiana V, Abugattas J E, et al. Cost-Effectiveness Analysis of Breast Cancer Control Interventions in Peru[J]. PLoS ONE, 2013, 8(12):e82575.

Zhang H, Wang Q, Zhang Y, et al. Modeling the impacts of ambient temperatures on cardiovascular mortality in Yinchuan: evidence from a northwestern city of China [J]. Environmental Science and Pollution Research, 2017.

Zhang J, Liu S, Han J, et al. Impact of heat waves on nonaccidental deaths in Jinan, China, and associated risk factors[J]. International Journal of Biometeorology, 2016, 60(9):1367-1375.

Zhang Y, Li S, Pan X, et al. The effects of ambient temperature on cerebrovascular mortality: an epidemiologic study in four climatic zones in China[J]. Environ Health, 2014, 13(1):24.

Zhao L, Lee X, Smith R B, et al. Strong contributions of local background climate to urban heat islands[J]. Nature, 2014, 511(7508):216-219.

Zhou X, Zhao A, Meng X, et al. Acute effects of diurnal temperature range on mortality in 8 Chinese cities[J]. Science of the Total Environment, 2014, 493:92-97.

Zuo J, Pullen S, Palmer J, et al. Impacts of heat waves and corresponding measures: a review[J]. Journal of Cleaner Production, 2015, 92:1-12.

陈横,李丽萍,陈英凝.沿海城市高温热浪与每日居民死亡关系的研究[J].环境与健康杂志,2009,26(11):988-991.

陈美池,牛静萍,阮烨,等.兰州市日均气温与心血管疾病日入院人次的时间序列研究[J].环境与健康杂志,2014,31(5):391-394.

谷少华,贺天锋,陆蓓蓓,等.基于分布滞后非线性模型的归因风险评估方法及应用[J].中国卫生统计,2016,33(6):959-962.

国家卫生和计划生育委员会.2011中国卫生统计年鉴[M].北京:中国协和医科大学出版社,2013.

刘建军,郑有飞,吴荣军.热浪灾害对人体健康的影响及其方法研究[J].自然灾害学报,2008,17(1):151-156.

刘玲,张金良.热浪与非意外死亡和呼吸系统疾病死亡的病例交叉研究[J].环境与健康杂志,2010,27(2):95-99.

刘雪娜,张颖,单晓英,等.济南市热浪与心理疾病就诊人次关系的病例交叉研究[J].环境与健康杂志,2012,29(2):166-170.

钱颖骏,李石柱,王强,等.气候变化对人体健康影响的研究进展[J].气候变化研究进展,2010,6(04):241-247.

任国玉,封国林,严中伟.中国极端气候变化观测研究回顾与展望[J].气候与环境研究,2010,15(4):337-353.

石振彬,董旭光,石兴旺,等.济南市近50 a高温天气的气候特征[J].气象与环境科学,2007,30(s1):95-97.

苏京志,温敏,丁一汇,等.全球变暖趋缓研究进展[J].大气科学,2016,40(6):1143-1153.

谈建国,郑有飞.我国主要城市高温热浪时空分布特征[J].气象科技,2013,41(2):347-351.

王敏珍,郑山,王式功,等.气温与湿度的交互作用对呼吸系统疾病的影响[J].中国环境科学,2016,36(2):581-588.

王燕,叶芳.双重差分模型介绍及其应用[J].中国卫生统计,2013,30(1):131-134.

严青华.广东省居民对热浪的健康风险认知及适应行为研究[D].广州:暨南大学,2010.

叶殿秀,尹继福,陈正洪,等.1961—2010年我国夏季高温热浪的时空变化特征[J].气候变化研究进展,2013,9(1):015-020.

余兰英,刘达伟.高温干旱对人群健康影响的研究进展[J].现代预防医学,2008,35(4):756-757.

翟屹,胡建平,孔灵芝,等.中国居民高血压造成冠心病和脑卒中的经济负担研究[J].中华流行病学杂志,2006,27(9):744-747.

张莉.济南近60年冬季气温变化特征[J].安徽农业科学,2011,39(31):19457-19458,19512.